中国環境法概説 I　総論

桑原勇進

中国環境法概説 I　総論

信山社

はしがき

　上智大学法学部では、カリキュラム改革の一環として、環境法科目の充実のため「アジア環境法」が新たに設けられ、2015年度より始まり、私がこれを担当することとなった。私にはアジア諸国全体の環境法などさっぱりわからないので、多少勉強したことのある中国環境法をもっぱら講ずることとした。本書は、当講義の教科書として執筆したものである。中国環境法にかんしては素人に毛が生えた程度の私が中国環境法の概説書を書くという無謀を冒したのは、以上のような事情による。
　本書では、中国環境法全体に共通しうる基本的な概念や制度が概説の対象となっている。中国の環境に（も）関する法制度は動きが激しく、書いてもすぐに古くなるので書き直しが必要となるなどしたため、いつまでたっても執筆が終わらないという状況がしばらく続いた。そこで、概説の対象を2015年8月31日時点で施行されている法制度として、時点を区切ることとした。したがって、例えば、大気汚染防治法は今年の8月に改正されているが、施行は2016年なので、本書は基本的に改正前の版に基づいている。
　執筆にあたっては、日本法との比較を念頭に置いた。その際、読者が、中国法を日本法風に理解しようとするときに犯しがちな早合点・誤解を回避できるよう注意した。もっとも、私自身が早合点や誤解をしている可能性は否定できない。また、私の勉強不足のため、よく分からないところをよく分からないままにしている箇所もいくつかある。そのような箇所については、「別途検討を要する」とか「別途調査の機会を持ちたい」といった類の言い回しで断りを入れている。
　いつになるか分からないが、『中国環境法概説Ⅱ』の執筆も進めたいと考えているところで、Ⅱでは中国の個別の環境法を概説する予定である。
　本書執筆にあたっては、中国環境法研究の先達の方々から得られた情報が役に立っている。特に、東京経済大学の片岡直樹先生等を代表とする「中国環境

はしがき

問題研究会」には、折々に研究会に出席させていただき（ときには報告もさせていただき）、また、同研究会編になる『中国環境ハンドブック』（蒼蒼社刊で、2005－06年版から2011－12年版まで4冊発行されているが、その後は出ていないようである）に中国環境法の一部について執筆の機会を与えていただき、これらを通して、中国の環境問題や中国における取り組み、立法の動き等について有用な情報を得ることができた。「中国環境問題研究会」の存在はありがたかった。

最後になるが、信山社には本書の発行を快く引き受けていただいた。特に、同社の柴田尚到さんには、いろいろとアドバイスをしていただくとともに、辛抱強く付き合っていただいた。記して謝意を表する。また、『中国環境法概説Ⅱ』では、さらに強い辛抱を要することが予測されるので、予めお詫びを申し上げておく。「たいへんなご迷惑をおかけすると思います。申し訳ありません。」

2015年11月2日

桑原勇進

中国環境法概説 I　総論

目　次

はしがき

第一部　中国の国家体制と立法

第一章　中央の国家機構 …………………………………………… 3

　I　中央機構（3）

　　1　全国人民代表大会（3）

　　2　国家主席（5）

　　3　国務院（5）

　　4　最高人民法院（5）

　　5　最高検察院（6）

　II　地方機構（6）

　　1　多層的地方制度（6）

　　2　地方の機関（6）

第二章　立法権限の配分 …………………………………………… 7

　I　法令の種類と権限配分（7）

　　1　法　律（7）

　　2　法　規（8）

　　3　規　章（8）

　　4　民族自治条例（9）

　II　法令相互の関係（10）

　　1　法令の優劣関係（10）

　　2　抵触関係の判定（11）

目　次

第二部　中国環境法通則

第一章　中国の環境法概観——中国環境法の体系（全体像） ……………15

第二章　中国環境法の諸原則 ……………………………………………………17

　　Ⅰ　保護優先原則（原語は「保护优先原则」）(17)

　　Ⅱ　防止優先原則（原語は「预防为主原则」）(18)

　　Ⅲ　総合対策原則（原語は「综合治理原则」）(18)

　　Ⅳ　公衆参与原則（原語は「公众参与原则」）(19)

　　Ⅴ　損害責任負担原則（原語は「损害担责原则」）(19)

　　Ⅵ　原則の機能 (20)

第三章　中国環境法の基本的制度 ………………………………………………21

　　Ⅰ　環境影響評価 (21)

　　　1　計画環境影響評価 (21)

　　　　⑴　評価対象となる計画 (21)

　　　　⑵　環境影響評価の実施者 (22)

　　　　⑶　環境影響評価の実施時期 (22)

　　　　⑷　環境影響評価の内容と形式 (22)

　　　　　　(a)　共通内容 (22)　(b)　総合計画 (22)

　　　　　　(c)　個別計画 (23)

　　　　⑸　環境影響評価の審査 (23)

　　　　　　(a)　総合計画 (23)　(b)　個別計画 (23)

　　　　⑹　公衆参加と公開 (24)

　　　　⑺　フォローアップ (24)

　　　2　建設項目環境影響評価 (25)

　　　　⑴　評価対象たる事業 (25)

　　　　⑵　環境影響評価の実施者 (27)

　　　　⑶　環境影響評価の実施時期 (27)

　　　　(4) 環境影響評価の内容 (27)
　　　　(5) 環境影響評価の審査 (28)
　　　　　　(a) 審査機関 (28)　(b) 審査内容 (28)
　　　　　　(c) 審査の結果 (29)
　　　　(6) フォローアップ (29)
　　　　　　(a) 事情変調査更 (29)　(b) 追跡調査 (29)
　　　　(7) 公衆参加と公開 (29)
　Ⅱ　三同時 (30)
　Ⅲ　環境標準 (31)
　　1　中国標準化法における「標準」(32)
　　　(1) 制定主体に基づく分類 (32)
　　　(2) 性質に基づく分類 (32)
　　2　環境標準の種類 (32)
　　　(1) 制定主体に基づく分類 (32)
　　　(2) 内容に基づく分類 (33)
　　3　環境標準の法的性質 (34)
　　4　環境標準の法的位置づけ (35)
　Ⅳ　汚染物質排出許可 (36)
　Ⅴ　排汚費 (38)
　　1　排汚費の意義・法的性格 (38)
　　2　排汚費の徴収 (39)
　　　(1) 排汚費の算定基準 (39)
　　　(2) 徴収手続 (41)
　　3　排汚費の用途 (41)
　Ⅵ　期限内治理 (42)

第四章　環境法の行政上の執行 …………………………………………… 44
　Ⅰ　環境行政許可 (44)

1　環境行政許可の意義（44）
　　2　環境行政許可の手続（45）
　　　　⑴　申請手続（45）
　　　　⑵　審査・決定手続（46）
　　　　　　(a)　通常の手続（46）　(b)　聴聞手続（46）
　　3　事後監督（48）
Ⅱ　環境行政処罰（48）
　　1　行政処罰の意義と種類（49）
　　　　⑴　意　義（49）
　　　　⑵　種　類（49）
　　　　⑶　環境行政処罰の内容と権限配分の特徴（50）
　　2　行政処罰の手続（52）
　　　　⑴　一般手続（52）
　　　　⑵　簡易手続（54）
　　3　行政処罰決定に当たっての考慮事由（54）
　　4　生産制限・生産停止調整（54）
　　　　⑴　意　義（55）
　　　　⑵　要　件（55）
　　　　⑶　手　続（56）
　　　　⑷　効　果（56）
　　5　日数乗法処罰（56）
　　　　⑴　日数乗法処罰の設定とその背景（56）
　　　　⑵　日数乗法処罰の要件・効果・手続（57）
　　　　⑶　日数乗法処罰の法的性質（59）
Ⅲ　環境行政強制（59）
　　1　環境上の行政強制措置──封鎖・差押（60）
　　　　⑴　意　義（60）
　　　　⑵　要　件（61）

2　環境上の行政強制執行（62）

　　　　⑴　環境上の行政強制執行の意義・種類（62）

　　　　⑵　行政強制執行の実施（64）

　　　　　　(a)　一般規定（64）　(b)　各方式別の規定（65）

　　　　⑶　最終的履行強制（65）

第五章　環境争訟 …………………………………………………… 67

　Ⅰ　民事訴訟（67）

　　1　環境責任要件（67）

　　　　⑴　無過失責任（67）

　　　　　　(a)　責任要件一般（67）　(b)　無過失責任（68）

　　　　　　(c)　違法性（69）　(d)　損　害（69）

　　　　⑵　証明責任（69）

　　2　共同権利侵害（70）

　　3　責任履行の類型（71）

　　4　争訟手段（72）

　Ⅱ　行政再議（72）

　　1　行政再議の意義（72）

　　2　行政再議申立ての適用要件（73）

　　　　⑴　具体的行政行為（73）

　　　　⑵　合法権益の侵害（75）

　　　　⑶　申立期間（75）

　　　　⑷　再議機関（75）

　　　　⑸　行政訴訟との択一制（76）

　　3　再議決定（76）

　　　　⑴　維持決定（76）

　　　　⑵　履行決定（76）

　　　　⑶　変更決定（76）

　　　　⑷　取消決定（77）

　　　　　　(5) 違法確認決定（77）
　　　4　執行不停止原則（77）
　Ⅲ　行政訴訟（78）
　　　1　行政訴訟の意義（78）
　　　2　行政訴訟の要件（78）
　　　　　　(1) 行政行為（78）
　　　　　　(2) 原告適格（80）
　　　　　　(3) その他（81）
　　　3　審　理――証拠について（82）
　　　4　判　決（83）
　　　　　　(1) 棄却判決（83）
　　　　　　(2) 取消判決（83）
　　　　　　(3) 履行判決（83）
　　　　　　(4) 給付判決（83）
　　　　　　(5) 違法確認判決（84）
　　　　　　(6) 無効確認判決（84）
　　　　　　(7) 変更判決（84）
　　　5　執行不停止原則（84）
　　　6　判決の実効性確保（84）
　Ⅳ　環境公益訴訟（85）
　　　1　環境公益訴訟の意義（85）
　　　2　環境公益訴訟の要件（85）
　　　　　　(1) 対象行為（85）
　　　　　　(2) 団体要件（85）
　　　　　　(3) 管轄裁判所（86）
　　　3　環境公益訴訟の請求内容（87）

目　次

〈資　料〉

1　憲　法（91）
2　法　律（93）
　⑴　中华人民共和国环境保护法（93）
　⑵　中华人民共和国环境影响评价法（101）
　⑶　中华人民共和国行政许可法（105）
　⑷　行政处罚法（108）
　⑸　中華人民共和國行政強制法（110）
　⑹　中华人民共和国侵权责任法（113）
　⑺　中华人民共和国行政复议法（114）
　⑻　行政訴訟法（117）

第一部

中国の国家体制と立法

第一章　中国の国家機構

　本章では、後に概説する立法との関係で、簡単に、国家機構についての基本的な知識を確認しておくこととする＊。

　　＊中国の国家体制・立法体系を論ずるに当たって、中国共産党の存在を無視することはできないが、共産党が実際に果たす機能は正確には知りえないし、共産党は（少なくとも形式的には）立法権限を有していないので、共産党の機構については省略する。

I　中央機構

　中国中央の国家機構は、全国人民代表大会、国務院、最高人民法院、最高検察院、国家主席から構成されているということができる（この他やや特殊な機関として、中央軍事委員会がある）。

　1　全国人民代表大会

　全国人民代表大会（全人代）は、憲法上、最高国家権力機関とされており（憲法57条）、法律制定権限（憲法58条）のほか、国家主席や最高人民法院院長、最高検察院院長等の任免権、国務院総理等の罷免権など各種の権限を有する（図2）。強いて言えば、日本の国会に相当すると言ってよいであろう＊。国務院総理、国務委員、国務院各部の部長等の最終的な決定権限も全人代に留保されている。憲法改正権限も全人代に属する（憲法62条）。

　全人代は、省・自治区・直轄市の人民代表大会（および人民解放軍等）から選出された代表で構成され（間接選挙）、任期は5年、原則として毎年1回開催される。

3

第一章　中国の国家機構

　全人代には常設機関として全人代常務委員会が置かれ、また、各種専門委員会および事務管理機関が置かれている（図1）。全人代常務委員会は2カ月ごとに開かれる。実質的にはこの常務委員会が重要な機能を有する。

　＊全人代が日本の衆議院だと言うとすると、日本の参議院に相当する機関として全国政治協商会議があるが、政治協商会議には立法に参与する権限はなく、そもそも憲法上明確な地位も与えられていない。その意味で、中国は日本のような二院制ではない。そもそも、中国は三権分立の制度を採用しておらず、全人代を衆議院（国会）に例えるのにも無理がないわけではない。

図1

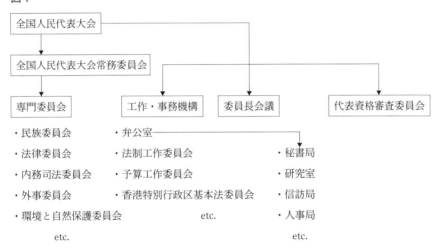

図2

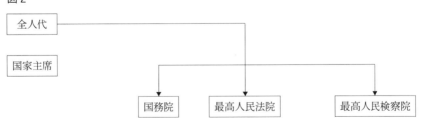

I　中央機構

2　国家主席

国家主席は、全人代が最高国家権力機構としての位置づけを与えられているのに相応する位置づけが憲法上規定されていないが、法律を公布する権限、国務院総理、国務委員、各部部長等の任免権、緊急事態や戦争状態を宣布する権限が、憲法上これに属している（憲法 80 条）。国家主席は、全人代により選出される。

3　国務院

国務院は、全人代の執行機関であるとともに行政機関として憲法上位置づけられている（憲法 85 条）。すなわち、中央人民政府である。例えば、日本の内閣に相当する。国務院は、総理、副総理のほか、国務委員、各部（日本の省に当たる）の部長等から構成される。国務院の下に、各部・委員会等（日本の省庁に当たる。部長が大臣に相当する）が設置されている（図 3）。

図 3

| 国務院 | 総理、副総理、国務委員、各部部長等 |

・弁公庁　・外交部　・国防部　・国家発展改革委員会　・教育部　・科学技術部
・工業信息化部　・国家民族事務委員会　・公安部　・国家安全部　・観察部
・民政部　・司法部　・財政部　・人力資源社会保障部　・国土資源部
・環境保護部　・住宅城郷建設部　・交通運輸部　・水利部　・農業部　・商務部
・文化部　・国家衛生計画出産委員会　・中国人民銀行　・審計署

4　最高人民法院

最高人民法院は、最高審判機関とされている（憲法 127 条 1 項）。立法権限はないが、解釈という形で実質上立法類似の作用をしている。「解釈」は、個別事案における法解釈だけでなく、一般的な形でも行われる点で、日本の裁判所とはかなり異なる。

5　最高検察院

検察院は国家の法律監督機関であり（憲法 129 条）、最高検察院は、最高検察機関であるとされている（憲法 132 条 1 項）。最高検察院も、法律の解釈という形で、実質的に立法類似の作用をすることがある。

Ⅱ　地方機構

1　多層的地方制度

中国の地方制度は多層構造をなしている。すなわち、省級、県級、郷級の三層構造である。もっとも、省と県の間に市があることが多いので、四層が常態といってもよい。省級には、省、自治区、直轄市がある。市と県は同級であるが、市の下に県があることも多い。また、市の下に県とともに区が設置されている場合もある。県の下には、郷、鎮が置かれている。なお、郷、鎮の下に村とか社区と呼ばれるものがあるが、郷、鎮までが（地方の）国家機構を構成し、村、社区は自治組織とされている。

中国では、55 の少数民族が公定されており、民族自治地方が設けられている。自治区は省級の民族自治地方である。省と県の間の市レベルのものとしては自治州があり、県級としては自治県がある。

2　地方の機関

各地方にそれぞれの級ごとに人民代表大会とその常務委員会（ただし、県級以上に限られる）、人民政府が置かれ、人民政府の下に各行政部門が置かれる。各級の地方の人民代表大会は地方国家権力機関とされ、各級の人民政府は各地方の国家権力機関の執行機関であり地方国家行政機関であるとされている。また、それぞれの級に人民法院および人民検察院が置かれている。

第二章　立法権限の配分

　第一章の記述を踏まえて、本章では、立法権限が各機関にどのように配分されているかを、基本的に2000年制定（2015年改正）の立法法に即して、概観する。なお、同法によれば、主な法令には憲法の他法律、法規、規章がある。

I　法令の種類と権限配分

　立法権限は以下のように配分されている。以下で言及されていない機関には、立法権限はない。省級人民政府の各部門、県級以下の各機関には、法令制定権が認められていないということである。

1　法　律
　法律を制定することができるのは、全人代とその常務委員会のみである。刑事、民事、国家機構その他の「基本法律」の制定・改正は原則として全人代のみが行い、常務委員会がそれを行うことはできない。基本法律とは、国の政治・経済・社会の中で特に重要な事項に関する法律のことである。もっとも、何がこの基本法律なのかは定かでなく、基本法律に該当すると言ってもよさそうな法律が全人代常務委員会により制定されることもある（侵権責任法のように民法の一部をなすと言えそうな法律がその一例）。

　なお、国家の主権に関する事項や、各級人民大会・人民政府等の組織および職権、犯罪および刑罰、公民の政治的権利の剥奪および人身の自由を制限する強制措置・処罰、民事に関する基本的事項等所定の事項については、法律のみが定めをすることができる。

第二章　立法権限の配分

2　法　規

　法規には行政法規、地方性法規とがあり、前者は国務院が制定するものである。後者は、2015年改正前の立法法では省級および比較的大きな市の人民代表大会またはその常務委員会に制定権限が認められていた。比較的な大きな市とは、省・自治区の人民政府が所在する市（省会市と言い、例えば日本における県庁所在市に当たる）、経済特区（深セン、アモイ等）、国務院が承認した比較的大きな市（唐山、大連、吉林、無錫、青島、蘇州等）である。2015年の改正で、「比較的大きな市」の語は「区設置市」に代えられた（立法法72条1項、2項）。自治州の人代およびその常務委員会にも地方性法規の制定権限が認められている（立法法72条5項）。あえて例えるなら、行政法規は政令、地方性法規は都道府県条例である。

　行政法規には、法律を執行するために制定されるものと、憲法（89条）上国務院の行政管理権限として認められている事項について制定されるもの、全人代またはその常務委員会の授権により定められるものとがある（立法法65条）。地方性法規は、法律、行政法規を執行するために制定されるもの、地方の事務需要のために定められるもの、法律・行政法規の定めのない事項で当該地方の具体状況および実際の需要に応じて、法律・行政法規に先んじて制定されるもの（先に試験的に地方で実施し、経験を積んでから全国的に実施するような場合）とがある（立法法73条1項）。

　個々の法規の名称は、「条例」（例：1998年国務院制定「建設項目環境保護管理条例」）が用いられることが多いが、「～実施細則」といった他の名称がつけられていることもある。

3　規　章

　法規より一段下の法令として、規章と呼ばれるものがある。これには、国務院の各部門等が定める部門規章（日本における省令に相当するが、制定主体は個々の部門であって部長ではない）、省級および区設置市（これも比較的大きな市から2015年改正で変更があった点である）の地方人民政府が定める地方政府規章（強いて例えれば都道府県知事の定める規則であるが、制定主体は人民政府であって、省長や市長ではない）がある。さらに、自治州の人民政府も2015年改正により

規章を制定する権限が認められている。部門規章は、複数の部門の共同で定められることもある（立法法 81 条）。

部門規章は、各部門の所掌の範囲内において、法律または国務院の行政法規、決定、命令に基づき、これらの執行に属する事項について制定される。法律や国務院の行政法規等の根拠がない限り、部門規章により公民、法人等の権利を制限したり義務を課したりする定めを置くことはできない（立法法 80 条 1 項）。地方政府規章は、法律、行政法規、地方性法規の執行のために必要な事項および当該行政区域の具体的な行政管理事項について制定される。なお、地方政府規章の定める事項は、都市の建設・管理、環境保護、歴史文化保護等に限定されている（立法法 82 条）。

個々の規章は「弁法」という名称がつけられていることが多い（例：国家環境保護部制定の「環境保護行政処罰弁法」）が、「規定」等の他の名称が使用されている場合もあり、規章に当たるのかどうかの判断が紛らわしいこともある。

4　民族自治条例

1～3に述べた法令制定権限の系統とはやや異なるものとして、少数民族自治地域の法令制定権限がある。すなわち、自治区、自治州、自治県の人民代表大会は、自治条例および単行条例を制定することができる（立法法 75 条 1 項。なお、常務委員会は同条による立法権限を与えられていない）。当該少数民族の特徴に合わせた条例を制定できるということで、中央の法令からいくばくか乖離するような内容も許される（ただし、中央の法令の基本原則に反することはできないともされている。立法法 75 条 2 項）。自治条例とは、基本的あるいは総合的な内容のものであり、単行条例とは、限定された事項に関するものである。

自治県（の人民代表大会）が上記のような条例制定権限を有しているという点に注意が必要である。法令制定権限を有するのは、全人代（とその常務委員会）、国務院とその各部門、省級、区設置市および自治州の人民代表大会（常務委員会も）およびその人民政府に限定されているはずであるが、自治区（省級）、自治州の他に自治県についても、人民代表大会が条例を制定できることとされているのである。本来県は条例制定権を有しないはずであるが、自治県であれば条例制定権限を認められるのである。自治条例は、当該地域の民族の

政治的、経済的、文化的特質に基づいて制定されるものとされている。

Ⅱ　法令相互の関係

1　法令の優劣関係

Ⅰで見たような各種の法令には優先劣後の関係がある。まず、法律は、憲法を除き、他のいかなる法令よりも上位にあり、法律に反する法令はその効力を否定される（立法法 88 条 1 項）。

行政法規は、地方性法規、規章よりも優先される（立法法 88 条 2 項）。行政法規と地方性法規は同等のように見える（図 4 参照）が、行政法規は全国で施行され、統一的な行政管理を確保するため、一地方でしか効力を有しない地方性法規よりも上位の効力を有することとされたものである。

地方性法規は同等以下の地方政府規章よりも上位にある（立法法 89 条 1 項）。また、省級地方政府規章は区設置市および自治州の地方政府規章よりも上位にある（同条 2 項）。区設置市人代（およびその常務委）の地方性法規は、省級人代（およびその常務委）の定める地方性法規に違反しないことを前提として制定することができることとされている（立法法 72 条 2 項）。

部門規章と地方政府規章は同等とされている（立法法 91 条）。そうすると、地方政府規章より上位の地方性法規は部門規章よりも上位ということになりそうだが、この両者には上下関係が存せず、地方性法規が劣後する場合もある（2 を参照）。行政法規が地方性法規よりも高次に位置する根拠をその効力範囲が全国に及ぶことに求める論理からすると、部門規章が地方性法規よりも上だということにもなるし、逆に、中国の行政訴訟法が、地方性法規は人民法院の裁判の根拠となるとするのに対し、部門規章には裁判において参照するという位置づけしか与えていないことからすると、地方性法規のほうが上だということになり、上下関係を一律に設定することができないもののようである。

Ⅱ　法令相互の関係

図4

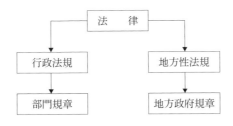

2　抵触関係の判定

　法令には上記のような優先劣後関係ないし同格関係があるが、法令間に矛盾抵触があるかどうか、同格関係にある法令間に矛盾抵触が存する場合にどちらを適用することとするのかといった問題は如何に処理されるのだろうか。まず、同格関係にある規章間（部門規章どうしおよび部門規章と地方政府規章間）に抵触関係があるときは、国務院がどちらを適用するかを決定する（立法法95条1項3号）。

　地方性法規と部門規章の間に抵触関係があるときは、以下のようになる。まず、国務院が地方性法規を適用すべきであると考えた場合は、国務院がその決定をする。国務院は部門規章に対して取消・修正権限を有しているためである。国務院が部門規章を適用すべきだと考えた場合には、全人代常務委員会に決定を求める。国務院は、地方性法規については取消・修正権限を有していないので、地方性法規に問題があると国務院が判断した場合は、全人代常務委員会に判断を仰ぐこととしたものである（立法法95条1項2号）。

　行政法規、地方性法規、民族自治条例が憲法ないし法律に違反するのではないかとの疑念が生じた場合はどうか。国務院、最高人民法院、最高人民検察院、省級人民代表大会常務委員会等が、上記法令が憲法・法律に抵触すると判断したときは、全人代常務委員会に審査を要求することができる（立法法99条1項）。関連する専門委員会（図1参照）の審議を経て、委員長会議により常務委員会開催が要請され（立法法101条）、最終的には、常務委員会が決定する。常務委員会には、憲法・法律に抵触する行政法規、地方性法規、民族自治条例を取り消す権限が与えられている（立法法97条2号）。行政法規に反する地方性

11

法規を取り消す権限も全人代常務委員会が有している点に注意を要する。なお、常務委員会が制定した法律が憲法に抵触するときは、全人代がその取消または修正をすることができる（立法法97条1号）。

　国務院には、不適当な部門規章および地方政府規章の取消・変更の権限が与えられている（立法法97条3号）。

第二部

中国環境法通則

第一章　中国の環境法概観
―― 中国環境法の体系（全体像）――

　中国の環境法は、通常、憲法の環境関連規定を頂点に置き、環境の基本法たる環境保護法を、環境政策の基本理念・基本方針・基本制度・基本的措置を総合的に定める、個別環境法令の依拠すべき法律と位置づけ、その下に個別環境法領域が存する、という具合に体系づけられる。個別領域ごとの環境法令は、観点により分類の仕方が異なることもあるが、環境汚染防治に関する法、自然資源に関する法、物質循環に関する法などに分けられる。自然保護に関する法を、自然資源の経済的利用の管理に関する自然資源法から区別して、生態保護法と呼ぶ例もある。個別法令には、全人代（常務委員会を含む）により定められる法律はもちろん、国務院が定める行政法規もある（例えば、野生植物保護条例）し、部門規章もある（例えば、旧情報産業部制定の電子情報製品汚染制御管理弁法、いわゆる中国版 RoHS）。

　1982年に制定された中国憲法には、環境保護に関する規定がいくつかある。まず、26条1項は、「国家は生活環境および生態環境を保護、改善し、汚染およびその他の公害を防除（原語は「防治」＊）する。」とし、国家の環境保全の責務を定めている。次に、9条は1項で鉱物資源、水流、森林、草原等の自然資源が国有または集団所有に属することを定め、2項では「国家は自然資源の合理的な利用を保障し、貴重な動植物を保護する」（第一文）とし、やはり国家の責務としての規定を置いている。さらに、同項第二文は、「すべての組織ないし個人は、如何なる手段を以ても自然資源を横領し破壊してはならない。」とし、国民の義務の側からの定めをしている。環境の保全に対する権利を定める規定はない。

　　＊中国の環境法では「防治」という言葉が用いられることが多いが、これは「防止」と「治理」を併せた言葉である。すなわち、事前対策と事後対策の両方を併

せた意味を持つ。

　環境保護法は、1979 年に制定され（このときは「試行」）、その後 1989 年に改正されたが、2014 年にさらに改正され、2015 年 1 月から施行されている。
　個別領域の法令には以下のようなものがある。環境汚染防除に関するものとしては、大気汚染関連法令（大気汚染防治法。関連の下位法令を含む。以下同じ）、水汚染関連法令（水汚染防治法）、海洋保護関連法令（海洋環境保護法）、騒音防治関連法令（騒音環境汚染防治法）、固形廃棄物関連法令（固体廃棄物環境汚染防治法）、放射性物質関連法令（放射性物質汚染防治法）等がある。土壌汚染関連の法令はまだない。自然資源保護の領域では、水資源関連法令（水法。水土保持法はこの分野に含めることもできるが、生態保護法の領域に含めることもできる）、土地資源関連法（土地管理法）、森林資源関連法（森林法）、草原関連法（草原法）、海洋資源関連法（漁業法、海域使用管理法）、鉱物資源関連法（鉱産資源法）といった分野がある。自然資源法と区別した場合の生態保護法の領域には、野生生物保護関連法（野生動物保護法、野生植物保護条例）、地域的自然保護関連法（自然保護区条例）、砂漠化防止関連法（防沙治沙法）、水土保持関連法（水土保持法）がある。最後に物質循環に関する法領域は、循環経済促進法やクリーン生産促進法、エネルギー法等を中心とする法令により形成されている。上記各領域の法令において、環境保護法の定める基本原則や基本的制度が具体化されている。
　なお、各法領域の制度を横断的に具体化するものとして環境影響評価法等がある。

第二章　中国環境法の諸原則

　中国環境法の原則として挙げられるものは、文献によりさまざまであるが、環境保護法第5条は、保護優先原則、防止優先原則、総合対策原則、公衆参与原則、損害負担責任原則の五つを挙げている。2014年改正前の環境保護法には原則を定める条文はなく、新たに設けられた規定である。

I　保護優先原則（原語は「保护优先原则」）

　保護優先原則とは、環境保護が他の利益に優先するという原則である。すなわち、環境保護と経済的・社会的発展の要請との間に衝突が生じた場合、環境保護を優先的に考慮すべしという原則で、従来の「環境保護は経済的・社会的発展と調和すべし」という定式から「経済的・社会的発展は環境保護と調和すべし」という定式への転換を示すものである。
　もっとも、人間の活動は多かれ少なかれ環境に負の影響を与えることが多く、開発行為がすべて許されないというわけではない。実際環境保護法30条は自然資源の開発利用は合理的に開発すべきである旨定め、自然資源の開発利用を認めている。生態環境が脆弱な地域については開発を制限する（例：自然保護区内の良好な原生状態を保持している地域等について「核心区」として立入りを禁止する旨定める自然保護区条例18条）といったことが保護優先原則の内容として挙げられている。結局、「汚染物質の排出は環境の自浄能力の範囲内にすべし」とか「再生可能自然資源の利用は自然の再生能力の範囲内に、非再生資源の利用はその代替物の開発の範囲内に抑えるべし」といったことを意味するもののようである[1]。

Ⅱ　防止優先原則（原語は「預防为主原則」）

　防止優先原則は、原語に忠実に言うと「予防を主とする原則」である。これは、環境を利用したり開発したりする行為に伴う環境汚染や環境破壊を、一定の措置を執ることにより事前に防止することを優先すべしというものである。事前の防止が主であるが、従となるのは事後対策（治理）で、汚染した後に対策を執るという対応からの転換が求められるわけである。また、それだけでなく、この原則は、末端対策（エンド・オブ・パイプ対策）ではなく、生産の前段階、ひいては全過程における対策をも要求するもののようである。具体的には、環境計画や環境影響評価、三同時制度、総量規制といった制度によりこの原則は実現される。なお、ここでいう「防止（預防）」に関して「リスク予防原則」に言及する文献もあるが、この原則が未然防止だけでなく予防（不確実な状況下における対処）をもその内容に含んでいるのかどうかは不明である。

Ⅲ　総合対策原則（原語は「综合治理原則」）

　総合対策原則とは、環境問題への対応は、手段なり対象なりを一つ一つに分節するのではなく、総合的に行うべしという原則である。より具体的に言うと、まず、大気や水、土壌といった環境媒体をそれぞれ一つずつ対象として対策を考えるのではなく、対象を総合的に捉えて対策を考慮することが求められる。次に、経済的手段や技術的手段等の諸手段を総合的に運用することが求められる。さらに、環境保護行政部門が統一的に監督管理しつつ各部門が分担して環境保護の責任を負うとともに、企業も環境保護に責任を負い、公民も環境保護意識を高め、積極的に環境保護に参与することが求められる。最後に、地域を跨る環境問題については点的対応から面的対応へと転換することが必要であるとされる。

1）最高人民法院環境資源審判庭『中華人民共和国環境保護法条文理解与適用』31頁。

Ⅳ　公衆参与原則（原語は「公众参与原則」）

　公衆参与原則の定義は必ずしも明らかではないが、環境保護のための活動に公衆が関与すべきことをその内容とするもののようである。これには、権利と義務という観点から言及されている。公衆の環境上の利益とかかわる開発行為等に関する決定に関与し、公衆の利益に適うような決定がされるようにすることと、環境保護・改善に貢献する義務ということである。この原則は、民主主義と法治という観点から説明されることもある。権利防衛的参加、民主主義的参加、義務的参加といったことが特に区別されず、渾然一体として捉えられている印象がある。この原則は、環境に関する情報の公開、環境影響評価制度における公衆の意見の聴取、環境公益訴訟といった各種の制度により実現されるものとされている。

Ⅴ　損害責任負担原則（原語は「损害担责原則」）

　損害責任負担原則とは、損害を生じさせた者が責任を負担するという原則である。1979年環境保護法（試行）では「汚染した者が（事後）対策を執る（谁污染，谁治理）」という原則が明文で示されていたが（1989年環境保護法では削除されていた）、2015年環境保護法はこれと異なる定式を採用した。これは、「汚染した者が対策を執る」という定式では責任を負う主体が「汚染者」に限定されること、責任の内容が「（事後的な）対策を執る」ことに限定されることから、責任の主体および内容をより包括的に規定することを企図したものである。すなわち、環境汚染を引き起こした者だけでなく生態環境を破壊した者も含み、また、責任の内容を、事後対策をとることだけでなく環境損害の発生を防止することや賠償をすることまで含むような表現としたのである（環境法令に違反した者が受ける制裁についても、責任の一部をなすとする理解の仕方もあるようである）。
　起草の過程では「汚染者負担（原語では「污染着付费」）原則」という案もあったようであるが、これでは「汚染者」が「排污費」を支払うだけの内容な

ので、採用されなかった。従来、「汚染した者が対策を執る」や汚染者負担の他に「開発する者が保護する（原語では「开发者养护」）」とか「破壊した者が回復する（同じく原語では「谁破坏，谁恢复」）」といった原則が語られてきたが、損害責任負担原則はこれらをすべて包含するものと言うことができる。この原則は、不法行為法や排汚費・環境税、各法令に定められる対策責任（治理責任）制度等によって具体化される。

VI　原則の機能

　上記の五つを環境保護法は環境保護の原則としているが、原則にはどのような意味があるのだろうか。これらの原則は、環境保護の領域における価値観、指導思想を示すものだと理解されている。すなわち、これらの原則に則って環境立法がなされるべきものとされる。したがって、比例原則や平等原則のように、ある行為が適法か否かの判断基準として作用するわけではなく、その意味で法的拘束力はない。これらの原則は、それ自体として独立に実現されるようなものではなく、法制度により具体化されて初めて実現されるのである。例えば、環境の開発・利用にかかわる公的決定に際して、直接公衆参与原則に基づいて近隣住民等が何らかの参画を要求することができるわけではない。もっとも、既存の環境法の執行や解釈の際にこれらの原則に依拠することにより、その実現がある程度は図られるということもありうる。

第三章　中国環境法の基本的制度

I　環境影響評価

　環境影響評価は中国では比較的早くから制度化されているが、現在は環境影響評価法（2003年施行）が基本的な仕組みを定めている。同法によれば、計画（原語では「規劃」）に関する環境影響評価と事業（建設項目）に関するそれとがあり、それぞれに分けて概説する。計画が環境影響評価の対象とされている点は、戦略的環境影響評価が一部実現されており、制度の上では日本よりも先を行っていると言いうる。

1　計画環境影響評価
(1)　評価対象となる計画

　環境影響評価法7条1項は「国務院の関連部門、区設置市級以上の地方人民政府およびその関連部門は、自ら編成を組織するところの土地利用に関する計画、区域、流域、海域の建設または開発利用に関する計画につき、計画編成過程において環境影響評価の実施を組織し、当該計画の環境影響に関する章編または説明を編製するものとする。」と定め、同法8条1項は、「国務院の関連部門、区設置市級以上の人民政府およびその関連部門は、自ら編成を組織するところの工業、農業、牧畜業、林業、エネルギー、水利、交通、都市建設、観光、自然資源開発に関する部門（原語は「専項」）計画につき、当該計画案を認可上申する前に環境影響評価の実施を組織し当該計画を認可する機関に環境影響報告書を提出するものとする。」と定めている。7条に定める計画を総合計画（一地三域）といい、8条の部門計画（十個部門）とともに、大きく分けて二種

類の計画が環境影響評価の対象となっている。なお、8条2項によれば、部門計画中指導的計画については7条の規定に基づいて環境影響評価を実施することとされている。指導的計画と非指導的計画の区別はあいまいだが、2009年計画環境影響評価条例（規划環境影响评价条例）10条3項は、指導的計画を「発展戦略を主要な内容とする個別計画」としている。

(2) 環境影響評価の実施者

総合計画、部門計画とも環境影響評価の実施主体は計画策定機関であるが、専門的知見や技術を有する他の機関に委託することは許される。すなわち、計画環境影響評価条例12条によれば、計画策定機関が評価文書を編製するか計画環境影響評価技術機構による編製を組織することとされている。

(3) 環境影響評価の実施時期

環境影響評価は、総合計画の場合は計画策定の過程、部門計画の場合は計画案認可上申の前までに実施することとされている。

(4) 環境影響評価の内容と形式

(a) 共通内容　計画環境影響評価条例8条は、計画環境影響評価における分析、予測、評価の内容として、①計画の実施が関連の区域、流域、海域の生態システムに対して生じさせる可能性のある全体的影響、②計画の実施が環境および人の健康に生じさせる可能性のある長期的影響、③計画の実施による経済的効果、社会的効果と環境的効果の間の関係および短期的利益と長期的利益の関係、以上の3項目を挙げている。これらは、体裁上、計画環境影響評価全体に共通する項目として規定されているが、①も個別計画の環境影響評価の内容をなすのであろうか。

(b) 総合計画　環境影響評価法7条によれば、総合計画の環境影響評価には、以下の内容を含むものとされている。すなわち、①計画実施後に生じるおそれのある環境影響に対する分析、予測および評価、②負の環境影響を防止または軽減する対策および措置、である。①について、計画環境影響評価条例は、主要には環境の受容能力、負の環境影響の分析および予測、関連計画の環境調和性の分析を含むものとし、②については、負の環境影響を予防ないし軽減する政策、管理的・技術的措置を含むものとしている（同条例11条）。

総合計画の環境影響評価は、計画案に環境影響評価の章を設けるか説明をす

るという形式で記載される（法7条2項）。環境影響評価は、計画自体の一部を構成するという位置づけを与えられているのである。

(c) 個別計画　個別計画の環境影響評価は環境影響報告書の作成という形で行われる。その内容として、法10条は、①当該計画の実施が環境に及ぼす可能性のある影響の分析、予測および評価、②環境に対する負の影響を予防または軽減するための対策および措置、二つを定めている。この2点は総合計画の環境影響評価として記載すべきものと同じである。個別計画の環境影響報告書には、さらに、①②の他、環境影響評価の結論を記すものとし、その主要な内容として、計画案の合理性および実行可能性、負の環境影響を予防ないし軽減する対策および措置の合理性、有効性、計画案の調整に関する建議を含むものとされている（計画環境影響評価条例11条）。なお、個別計画のうち指導的計画については、総合計画と同様である。すなわち、環境影響評価の内容は計画案の中の一つの章を設けて記述するか説明をしなければならず、記載すべき事項についても総合計画と同じである（計画環境影響評価条例10条2項、11条）。

(5) 環境影響評価の審査

(a) 総合計画　先述したように、総合計画の環境影響評価は計画案本体の一部をなし、したがって当該計画の審査・認可機関が計画案を審査する際に、環境影響評価も審査対象本体の一部として同時に審査される。計画案に環境影響評価の章や説明がない場合は、審査機関はその補充を要求するものとされ、認可をしてはならないこととされている（環境影響評価法7条3項、計画環境影響評価条例15条）。

(b) 個別計画　個別計画の環境影響評価書は計画案とともに計画審査機関に送付され、審査される。環境影響報告書が送付されない場合、その補充を要求し（計画環境影響評価条例16条）、補充されない場合には計画案自体の審査、認可がされない（環境影響評価法12条）という点は総合計画の場合と同じである。

個別計画の場合、審査の手続において総合計画と異なる点がある。すなわち、審査認可機関は、認可の前に専門家による委員会（小組）を立ち上げなければならない。委員会は環境影響報告書に対する審査をし、審査意見を書面で提出する（環境影響評価法13条）。そして審査機関は、環境影響報告書の結論と委

員会の審査意見を重要な根拠とすることとされている（環境影響評価法 14 条 1 項）。その担保措置として、環境影響報告書の結論および委員会の審査意見のうち、審査・認可において採用しなかったものについては、その説明をするものとされている（環境影響評価法 14 条 2 項）。なお、委員会を構成する専門家は、国務院環境保護行政主管部門（現在は国家環境保護部）が設立を規律する専門家データベースの関連する専門家リストの中から無作為抽出の方式で選定することとなっている（環境影響評価法 13 条 2 項）。

(6) 公衆参加と公開

個別計画に関しては、負の環境影響を生ずる可能性がありかつ直接公衆の環境上の権益にかかわる計画の場合、関連の単位、専門家および公衆から、環境影響報告書案に対する意見を聴取することとされている。意見聴取の形式は、論証会、公聴会その他である（その他の形式としては、計画環境影響評価条例 13 条でアンケート調査や座談会も認められている。「参加」の原語は「参与」であるが、アンケートも公衆参加の一形式だとすると、「参加」という訳は不適当かもしれない）。意見聴取は、計画案を認可機関に提出する前である（以上、環境影響評価法 11 条 1 項）。公衆参加の結果、環境影響評価の結論に反対の意見が多かったときはどう対応すべきか。計画環境影響評価条例 13 条 2 項は、「関連の単位、専門家、公衆の意見と環境影響評価の結論との間に重大な分岐があるときは、計画策定機関は（議論がなされる）論証会、公聴会等の形式でさらに論証をするものとする。」と定め、公衆参加の一定の形式で検討をさらに進めることとしている。また、同条 3 項は、計画策定機関が審査機関に環境影響報告書を提出する際に、公衆意見の採用・不採用の状況とその理由の説明を付さなければならないこととしている。公衆意見を理由なく無視することは許されないが、公衆意見に従うことが法的に要請されているわけではない。

総合計画に関しては、環境影響評価に対する公衆参加を定める規定は見当たらない。

(7) フォローアップ

環境に重大な影響を生ずる計画を実施した後、計画策定機関は直ちに環境影響の事後評価を組織し、評価結果を審査機関に報告することとなっている（環境影響評価法 16 条）。事後評価の内容には、①計画実施後実際に生じた環境影

Ⅰ　環境影響評価

響と環境影響評価文書が予測した生じるかもしれない環境影響との間の比較分析と評価、②計画実施において作用した負の環境影響の予防ないし軽減のための対策および措置の有効性の分析と評価、③計画の実施により生じた環境影響に対する公衆の意見、④事後評価の結論が含まれる（計画環境影響評価条例25条）。事後評価の中身に公衆の意見が含まれているが、これについては、計画策定機関が、アンケートや現場訪問、座談会等の形式により関連の単位、専門家、公衆の意見を聴取すべきことが規定されている（計画環境影響評価条例26条）。計画実施過程で重大な環境影響が生じた場合は、直ちに改善措置を提起し、計画審査認可機関に報告するとともに、環境保護等の関連部門に通知することとされている（計画環境影響評価条例27条）。環境保護部門は、検査の結果計画審査認可機関に改善措置または計画自体の修正を建議することができ（計画環境影響評価条例28条）、計画審査認可機関は、論証を経て、その結論如何により改善措置または計画修正を採用することとなる（計画環境影響評価条例29条）。計画実施区域の重点汚染物排出総量が総量規制基準を超える場合には、新たな建設項目の環境影響評価文書の暫定的な停止がされることもある（計画環境影響評価条例30条）。

2　建設項目環境影響評価
(1)　評価対象たる事業

環境影響評価の対象となる建設項目とは何か、法令上の定義はない。行政解釈では「固定資産投資の方式で行われるすべての開発建設活動」となっていて、このような抽象的な定義では具体の事業が環境影響評価を実施すべき建設項目に該当するか否かの判断ができないが、実際には、「建設項目環境影響評価分類管理リスト（建設项目环境影响评价分类管理名录）」（「環境影響の程度に基づいて建設項目の環境影響評価につき分類管理を実施する」旨定める環境影響評価法16条1項に基づいて作成されている）が建設項目を詳細に記しており、これを見て判断することができる。

建設項目は環境影響の程度により、①重大な環境影響を生じさせる可能性のあるもの、②軽度の環境影響を生じさせる可能性のあるもの、③環境影響が極めて小さく環境影響評価を実施する必要のないものの三つに分けられ、①は環

境影響報告書を作成して環境影響に対して全面的な評価をし、②は環境影響報告表を作成して環境影響分析または特定事項の評価をすることとされ、③は環境影響登記表に所定の事項を記入することとされている（環境影響評価法16条2項）。環境影響を生じさせる可能性がある事業（①および②）であればすべて環境影響評価を実施すべきこととされているわけで、「規模が大きく環境影響の程度が著しいものとなるおそれがある事業」に始めから限定している日本の環境影響評価法とは相当に異なる。「建設項目環境影響評価分類管理リスト」は建設項目の種類、規模、環境敏感区＊への影響等により、さまざまな事業を①②③に分類している。例えば、農地の開墾であれば、規模が5000ムー（1ムーは1haの15分の1）以上のものおよび自然保護区、風景名勝区、世界文化遺産・自然遺産、飲用水水源保護区、基本草原、重要湿地、富栄養化水域等に影響のあるものが①、それ以外が②といった具合になっている。規模だけで分類される事業もあり、例えば、運動場・体育館は敷地面積2,2万㎡以上のものが②、それ以外が③となっている（①に分類されるものはない）。分類は適宜変更され、例えば学校は、2008年のリストでは生徒数1万人以上が①、2500〜1万人が②、2500人以下が③となっていたが、2015年版では①はなくなり、建築面積5万㎡以上のもの及び実験室を有するもの（P3、P4施設は含まない）が②、それ以外が③という分類になっている（P3、P4施設は別項目になっており、①に分類されている）。

＊環境敏感区：「建設項目環境影響評価分類管理リスト」（2015年版）では、法に基づいて設置された自然保護地域、文化保護地域および建設項目の汚染因子または生態影響因子に対して特に感受性の高い地域と説明されている。主要には以下の(1)〜(3)がある。(1)自然保護区、風景名勝区、世界文化遺産および自然遺産、飲用水水源保護区、(2)基本農地保護区、基本草原、森林公園、地質公園、重要湿地、天然林、希少・危機野生動植物天然集中分布区、重要水生生物の自然産卵場および餌場、越冬場および回遊ルート、天然漁場、資源性欠水地区、水土流失重点防治区、沙化土地閉鎖保護区、閉鎖・半閉鎖海域、富栄養化水域、(3)住居、医療衛生、文化教育、化学研究、行政事務所等を主要な用途とする区域、文化財保護単位、特殊な歴史的、文化的、科学的、民族的意義を有する保護地。

Ⅰ　環境影響評価

(2)　環境影響評価の実施者

　環境影響報告書および環境影響報告表は、相応の環境影響評価のための資質を有する機関によって策定されなければならないこととされている（環境影響評価法20条1項）。つまり、建設項目事業者はそれ相応の能力を有する機関に環境影響評価の実施を委託することになる。環境影響評価の実施を受託できる機関は、国務院環境保護行政主管部門の審査に合格して資質証書を与えられたものである（環境影響評価法19条1項）。環境影響評価の資格制である。

　資格は一律ではなく、等級があり、評価の範囲にも制限がある。建設項目環境影響評価資質管理弁法（建設項目环境影响评价资质管理办法。2006年施行）によれば等級としては甲級と乙級があり、その4条は「乙級の評価機関は省級環境保護行政主管部門が審査する建設項目環境影響報告書及び報告表の策定を、甲級評価機関は各級の環境保護行政主管部門が審査する環境影響報告書及び報告表の策定を受託できる」旨定めている。受託できる範囲も資質証に記載され、これは建設項目の種類によって分けられている（化学石油化学医薬事業、農林水利事業、海洋工程事業、交通運輸事業といったように。報告書の場合は11分野、報告表は2分野に分けられている。同弁法3条）。

(3)　環境影響評価の実施時期

　環境影響評価の実施時期について環境影響評価法自体には定めはないが、建設項目環境保護管理条例（建设项目环境保护管理条例。1998年施行）9条によれば、原則として実行可能性研究の段階で行われるべきこととされている。すなわち、中国では、事業の立案から完了まで、①建議書→②実行可能性研究→③初期設計→④設計→⑤施工→⑥試運転→⑦竣工検査という段階を経るのが一般的であるが、環境影響評価は②の、当該事業が実行可能であるかどうかをさまざまな角度から検討するという段階で実施されることになっており、環境面からの実行可能性の検討という位置づけを与えられているわけである。

(4)　環境影響評価の内容

　環境影響評価報告書の内容には、①建設項目の概況、②建設項目の周囲の環境の現状、③建設項目が環境に及ぼしうる影響の分析、予測、評価、④建設項目の環境保護措置とその技術的・経済的論証、⑤建設項目の環境影響に対する経済損益分析、⑥建設項目の環境観測実施に対する建議、⑦環境影響評価の結

論、の7項目を含むものとされている（環境影響評価法17条1項）。環境影響報告書にあっては、評価は全面的でなければならない（(1)の①を参照）。代替案の検討は、法令上は要求されていない。なお、環境影響評価を実施した計画が建設項目を含んでいるような場合がある。そのような場合、評価の重複を避け、建設項目の環境影響評価を簡略化してよい（環境影響評価法18条）。

　環境影響報告表および環境影響登録表については、内容、形式とも環境影響評価法には具体的な定めはなく、国務院環境保護行政主管部門が定めることとされている（環境影響評価法17条3項）。

(5)　環境影響評価の審査

(a)　審査機関　　環境影響評価は、当該建設項目についての業種主管部門があるときは、まず当該主管部門の予備審査を受け、その後審査認可権限を有する環境保護行政主管部門の審査を受ける（環境影響評価法22条1項）。審査認可権限を有する環境保護行政主管部門は、特定の建設項目については国務院環境保護行政主管部門であるが、それ以外の建設項目については省レベルの人民政府が定めることとされている（環境影響評価法23条）。国務院環境保護行政主管部門が審査認可権限を有する建設項目としては、環境影響評価法23条1項により、①原子力施設や極秘工程等の特殊な性質を有する建設項目、②省レベルの行政区域を跨る建設項目、③国務院が審査認可するまたは国務院により授権された関連部門が審査認可する建設項目、の三つが挙げられている。詳細は環境保護部が定める文書により判明する（現在のところ「环境保护部审批环境影响评价文件的建设项目目录（2015年版）」がある）。

(b)　審査内容　　環境影響評価の審査の内容は以下のようなものである（2008年建設項目環境影响评价文件的审批による）。①関連の環境保護法律・法規に適合しているか否か、自然保護区、風景名勝区、生活飲用水源保護区等特に保護が必要な区域に関しては、相応のレベルの人民政府または主管部門の同意を得ているか否か、②立地、配置等が区域、流域および都市の総合計画に適合しているか否か、環境・生態機能区域に合致しているか否か、③国家の産業政策およびクリーン生産の要求に合致しているか否か、④建設項目所在地域の環境質が相応の環境機能区の標準を満たすか否か、⑤採用しようとする汚染防治措置が汚染物質の排出につき国家および地方の定める環境標準を達成すること

を確保できるか否か、総量規制の要求を満たすか否か、⑥採用しようとする生態保護措置が、有効に生態破壊を予防または統制（コントロール。原語は「控制」）できるか否か。

　以上のような事項に即して審査がされることになっているが、一定の基準を満たしているかどうかが問題となっており、環境にとってよりよい事業内容となっているかどうかという視点は希薄なようである。

　(c)　審査の結果　　環境保護行政主管部門による審査の結果、環境影響評価が認可されなかった場合は、当該建設項目は実施することができなくなる。環境影響評価の認可がされない限り、当該建設項目自体について認可権限を有する主管部門も、認可できない（環境影響評価法25条）。制度上は、環境影響評価が単独で当該事業の実施の可否の命運を左右することになっており、環境影響が総合評価の一部にすぎないという仕組みではない。

　(6)　フォローアップ

　(a)　事情変更調査　　建設項目の建設や運用過程において環境影響評価文書に適合しない状況が生じたときは、事業者は事後評価を実施し、改善措置をとるとともに、環境影響評価文件の審査認可権限を有する環境保護行政主管部門に報告しなければならない。必要なら、環境保護行政主管部門は、事業者に対し事後評価の実施および改善措置を命ずることができる（環境影響評価法27条）。したがって、事後評価や改善措置の実施は、事業者の自主性に委ねられているのではない。

　(b)　追跡調査　　環境保護行政主管部門は、建設項目実施後に、その生ずる環境影響について追跡調査を行い、重大な環境汚染や生態破壊が生じた場合にはその原因および責任を明らかにするものとされている。環境影響評価を実施した機関に問題があった場合や環境影響評価審査部門の職員に問題があった場合には、責任追及の措置がとられる（環境影響評価法28条）。

　(7)　公衆参加と公開

　公衆参加も環境影響評価制度の重要な要素であるが、環境影響報告書の作成が必要な場合についてのみ、公衆参加の手続が規定されている（環境影響報告表や登記表ですむ事業については規定されていない）。すなわち、環境影響報告書の審査認可の前に、論証会、公聴会その他の形式により関連の単位や専門家、

公衆の意見を聴取するものとされている（環境影響評価法21条1項）。これらの意見に関して、採用・不採用の説明を環境影響報告書に付記しなければならない（同条2項）。

　新しい環境保護法においても公衆参加の規定が設けられている（56条1項）が、環境影響報告書の作成が必要な場合に限られているという点は変わりがない（一個堅持）。しかし、以下の三点において、環境影響評価法よりも進展が見られる（三個新発展）。すなわち、①環境影響報告書策定前に公衆意見を聴取すべしとする点が第一である。従来、環境影響報告書が作られ、その審査認可を受ける前に公衆意見の聴取がされる例が多く、公衆の意見を報告書に反映させることが容易でなかったことから改められたものである。②第二は、意見聴取の対象となる公衆の範囲が、影響を受ける可能性のある公衆とされたことである。環境影響評価法ではそのような範囲に関する文言がなく、当該建設項目に賛成する者の意見のみ聴取するなどの恣意的な運用があったため、影響を受けうる公衆はすべてその意見を聴取すべきこととされたものである。さらに、③たんに聴取するのではなく、「十分に」公衆の意見を聴取すべきこととされた。十分に公衆意見を聴取していないと認められるときは、審査認可部門は環境影響評価書を事業者に差し戻して公衆意見の聴取を改めてやり直させることとなる（環境保護法56条2項）。

　環境影響報告書の審査認可部門は、環境影響報告書を受理した後その全部を公開すべきこととされている。あくまで全部であり、簡略版などの公開ですますことはできない。もっとも、国家機密や営業上の秘密に関する事項は除かれる（環境保護法56条2項）。

II　三同時

　三同時制度は、中国環境法独自の制度であり、環境影響評価制度と密接に関連し、ともに「防止優先原則」を具体化するものである。「三つの同時」ということであるが、主工程施設と環境汚染防治施設を同時に、設計、施工、運転するというのがその内容である。環境保護法41条前段は、「建設項目のうち汚染防治の施設は、その主工程と同時に設計し、同時に施工し、同時に使用する

ものとする。」と定め、建設項目環境保護管理条例、建設項目環境保護設計規定、三同時監督検査および竣工環境保護験収管理規定（試行）（环境保护部建设项目"三同时"监督检查和竣工环保验收管理规程（试行）。2009年施行）（環境保護部）などが詳細を定めている。環境保護法41条後段によれば、汚染防治施設は認可された環境影響評価文件の要求に適合しなければならず、環境影響評価においてとることとされた環境保護措置が実際にとられることの一定の担保としての意味がある。

まず、事業者が事業設計をするにあたり同時に汚染防治施設の設計もしなければならず、事業の設計を他の業者に委託する場合には汚染防治施設の設計も委託しなければならない（建設項目環境保護設計規定66条）。同時設計が委託されていないときは、設計を受託してはならないと解されている。

次に、事業者が施工を委託する場合、環境保護施設の施工も同時に委託しなければならない。受託者は、同時施工を委託されない場合、受託してはならない。

最後に、本体の施設の稼働を開始する際、環境保護施設も同時に稼働しなければならない。すなわち、本体施設の竣工検査の際、環境保護施設の竣工検査も同時に環境影響評価文献を認可した環境保護行政主管部門に申請する。竣工検査も、本体施設と環境保護施設について同時になされるものとされている。なお、本格的な稼働の場合だけでなく、試運転の際にも同時使用の原則が妥当する。

III　環境標準

環境標準は、環境基準と訳されることもあるが、日本の環境基準と似ているものも一部含んでいるが、これとはだいぶ異なる性質のものを含んでおり、また、ベースにある法律は基本的に中国標準化法（日本の工業標準化法に相当すると言えようか。ただし、工業に限定されていない）であって、環境基本法にベースがある日本の環境基準とはこの点でも異なる。そこで、ここでは原語のとおり環境標準という訳を当てることとする。

第三章　中国環境法の基本的制度

1　中国標準化法における「標準」

　環境標準はその法的なベースを中国標準化法に持つと述べたが、したがって環境標準は中国標準化法にいうところの「標準」の一部をなす。そこで、標準一般についてまずは簡単に見ておこう。

(1)　制定主体に基づく分類

　標準には、制定主体の区別を基準とすると、①国家標準、②業種標準（原語は「行業標準」）、③地方標準、④企業標準の四種類がある。①の国家標準は国務院標準化行政主管部門が策定する標準である（法律が別段の定めを置く場合は他の行政機関が定めることもある）。②の業種標準は、国務院の関連部門が定める標準である。国家標準がない場合に策定される。①②はいずれも全国的に統一性が必要な場合に定められる。①②がいずれも存しない場合に、省級政府の標準化行政主管部門が定めるのが③の地方標準である。さらに、企業がその生産する製品について自ら定める標準というものもあり、これが④の企業標準で、当該企業内部においてのみ適用される（以上につき、標準化法6条1、2、3項）。

(2)　性質に基づく分類

　国家標準および業種標準は、その法的強制性の有無により、強制的標準と推奨性標準（原語は「推荐性標準」）に分けられる。強制的標準は強制力を有し、必ず執行しなければならないこととされている（標準化法14条）。推奨性標準は強制的標準以外の標準である。地方標準も、当該地方行政区域内においては強制的標準たりうる。

　なお、国家標準のうち強制的標準はGB、推奨性標準はGB/Tという記号がついているので、これによって容易に区別できる。

2　環境標準の種類

(1)　制定主体に基づく分類

　環境標準も、標準一般と同様に、制定主体により、①国家環境標準、②国家環境保護部環境標準（業種標準）、③地方環境標準、④企業環境標準に分けられる。ただし、国家環境標準は、国務院標準化行政主管部門が定めるわけではなく、環境保護関係の法律により国家環境保護部が定めることとされている（例えば、環境保護法15条、16条等）。②の業種環境標準は国家環境保護部が定

める。①②とも国家環境保護部が定めることとなっていて制定主体が同じであるが、実際は、①の国家環境標準は、国家環境保護部と国務院標準化行政主管部門が共同で発布するようである[1]ので、厳密には同じではない。

(2) 内容に基づく分類

環境標準は、その定める内容により、①環境質標準、②汚染物質排出標準（または統制標準）、③環境観測方法標準、④環境測定物質等標準、⑤環境基礎標準に分けられる。

①は、環境中における汚染物質等の有害因子の許容量を定めるものである。環境行政上の達成目標としての役割を持ち、この点で日本の環境基準と類似する。国家環境質標準と地方環境質標準とがありうる。国家環境質標準は国務院環境保護行政主管部門が定め、地方環境質標準は省級人民政府が、国家環境質標準が定められていない項目について定め、または、国家環境質標準が定められている項目についてこれよりも厳しい内容のものを定めることができる（環境保護法15条）。

環境質標準のうち、大気に関するものを例として表示しておこう（2012年環境空気質環境標準（原語は「环境空气质量标准」）GB/3095-2012の一部。それ以前の1996年版に代わって策定された。GBというコードなので、国家標準であり、強制的標準である）。

②は、環境中に排出する汚染物質等を統制するための標準で、排出許容限度を定める。これにも国家汚染物質排出標準と地方汚染物質排出標準がある。地方汚染物質排出標準は、省級人民政府が定めるものであること、国家汚染物質排出標準が定められていない項目について定めうること、国家汚染物質排出標準が定められている項目についてこれよりも厳しい内容のものを定めることができること、以上の点は①の環境質標準と同様である。事業者はこれを遵守しなければならず、日本における（大気汚染防止法や水質汚濁防止法上の）排出基準に相当する。国家汚染物質排出標準は、国家環境質標準および経済的、技術的条件に基づいて定められる（環境保護法16条1項）。国家汚染物質排出標準は国家環境質標準を達成するために汚染物質等の排出を規制するものであるた

---

1) 秦天宝『環境法』（2013年、武漢大学出版社）128頁。

表

物質名	時間平均	濃度限界値 一類	濃度限界値 二類	単位
SO_2	年平均	20	60	$\mu g / m^3$
	24時間平均	50	150	
	1時間平均	150	500	
NO_2	年平均	40	40	
	24時間平均	80	80	
	1時間平均	200	200	
CO	24時間平均	4	4	mg / m^3
	1時間平均	10	10	
O_3	日最大8時間平均	100	160	
	1時間平均	160	200	
PM10	年平均	40	70	$\mu g / m^3$
	24時間平均	50	150	
PM2.5	年平均	15	35	
	24時間平均	35	75	

表中の一類は、自然保護区、風景名勝区その他特殊な保護が必要な地域、二類は、住居地域、商業交通住居混合地域、文化地域、工業地域、農村地域のことである。

め、国家環境質標準を基に定められるべきものであるが、経済的・技術的条件をも考慮して定められることとされているのである。これは、産業の発展にも配慮したもので、ある種の調和条項と言いうる。

③は、環境質や汚染物質排出量を測定したり、分析モデル等を定めたりする標準である。推奨性標準であることが多いが、環境質標準等において測定方法として引用されている場合があり、その限りでは実質的に強制的でもある。

④は、測定のために用いられる物質や機器等に関する標準である。

⑤は、専門用語や記号、測定単位等を定めるものである。

3　環境標準の法的性質

環境標準もその法的強制性の有無により強制的標準と推奨性標準とに分けら

れる。国家環境質標準および国家汚染物質排出標準は強制的環境標準である。

なお、国家環境標準は、国務院環境保護行政主管部門が定めることとされている場合があるが、国家標準であるので、GB とか GB/T といった記号が付けられている。国家環境保護部が策定する業種標準の場合は、HB とか HB/T という記号が付される（前者は強制的、後者は推奨性の標準である）。

4　環境標準の法的位置づけ

　環境質標準は環境行政上の目標であり、環境行政部門はこれを達成しなければならない。環境質標準は強制的標準であるが、その際、「強制」されるのは環境行政なのだ、ということになる。建設項目環境影響評価の審査・認可に当たっては、環境質標準を達成できるかどうかが一つの基準となる（Ⅱ2(5)(b)参照）ので、間接的に事業者にとっても強制的となることがある（環境影響評価文件の認可がされないと当該事業の実施自体が法的には不可能になる）。

　汚染物質排出標準は、事業者に対して直接的に強制力を持つ。すなわち、排出標準を超過する排出に対しては、一定の行政処罰がされるのである（環境保護法60条）。また、環境影響評価文件の審査・認可の際の基準となるという点でも、一定の強制力がある。

　以上のような環境行政上の法的機能の他、民事上の法的機能についても、言及しておく必要があろう。まず、環境質標準は、民事訴訟において、日本における受忍限度判断と類似の機能を果たす可能性がある（最判平成7年7月7日民集49巻7号1870頁参照）。すなわち、環境質標準を超えているか否かが受忍可能な環境汚染かどうかの判断基準とされうる、ということである。次に、汚染物質排出標準は、違法性の判断において意味を持つ可能性がある。民事責任に関しては、汚染行為者の違法性の要否につき争いがあるが、仮に違法性が要件となるとした場合、排出標準を遵守していない場合には違法性が認定されやすくなる。もっとも、排出標準を遵守していれば違法性が否定されるというわけではなく、多くの見解によれば、排出標準の遵守は行政上の責任を免れるための要件にはなっても民事上の責任を免れるための条件にはならない、とされている。最高人民法院が2015年6月1日に公にした（制定は同年2月）見解によっても、「汚染者が、汚染物質排出が国家または地方汚染物質排出標準に適

合しているとの理由で責任を負わないと主張する場合、人民法院は支持しない」とされている（最高人民法院关于审理环境侵权责任纠纷案件适用法律若干问题的解释1条）。

Ⅳ 汚染物質排出許可

　汚染物質排出許可制度とは、汚染物質を環境中に排出する活動をしようとする事業者からの申請に基づき、環境保護行政主管部門が当該行為の許否を決する、という制度である。許可されると、汚染物質排出許可証が交付され、その許可証に記載された条件の下で汚染物質を排出する活動が可能となる。排出許可証の交付を受けずに汚染物質を排出することは許されない（環境保護法45条2項）。

　汚染物質排出許可制度は、もともとは、水汚染防治法実施細則において規定されていた。すなわち、1989年に制定された同細則は、水体に汚染物質を排出する企業・事業に対して汚染物質排出許可証管理を実施すると定めていたところ、2003年に改正された同細則においても、地方環境保護部門は総量規制実施方案に基づき水汚染物質排出許可証を発布する旨定めていた。そして、水汚染防治法が2008年に改正された際、同法に排出許可制度が明記された。同法20条は、「直接間接に水体に工業廃水、医療汚水を排出する企業・事業、その他規定に基づき汚染物質排出許可証を取得してはじめて廃水、汚水を排出できる企業、事業単位は、汚染物質排出許可証を取得するものとする。」と定め、ここに初めて水質汚染に関する排出許可証制度が法律上の根拠を持つにいたった。2000年に改正された大気汚染防治法も、大気環境質標準を達成していない区域や酸性雨抑制区域等を大気汚染物質排出総量規制区域とすることができるとともに、企業・事業単位の主要な大気汚染物質を査定し、主要大気汚染物質排出許可証を査定の上発給することを定めている（大気汚染防治法15条2項）。そして、2015年施行の環境保護法は、45条1項で「国家は法律の規定に基づき汚染物質排出許可制度を実施する。」と定め、排出許可制度を一般的に定めるにいたった（ただし具体的な制度の内容は「法律の規定」による）。

　環境保護法45条2項は「汚染物質排出許可管理を実施する企業・事業単位

およびその他の生産経営者は、排出許可証の要求に基づいて汚染物質を排出する」と定めており、許可された範囲内での排出が許されるのであるが、排出標準を超えてはならないのはもちろん、それ以上の制限が課される。例えば、水汚染防治法細則 10 条は「県級以上の人民政府環境保護行政主管部門は、総量規制実施方案に基づいて当該行政区域内において水体へ汚染物質を排出する単位の重点汚染物質排出量を査定し、排出総量規制排出枠（「排出枠」の原語は「指標」）を超えないものに対しては排出許可証を発布する。」と定め、総量規制に基づいて各事業者に配分された排出量の範囲内でのみ排出を許容するものとしている。大気汚染防治法も、大気汚染物質総量規制区域における排出許可制度を定めるものであった。排出許可の制度は、環境への負荷の総量を一定の範囲内に収めるための制度なので、総量規制と結びついた制度設計や運用がされるのである。

　排出許可制度を実施するための統一的に詳細を定める法令は存しない（2008年に当時の国家環境保護総局が「汚染物質排出許可証管理条例」の意見聴取稿を策定してパブリックコメントを実施したようであるが、制定には至っていない）。このようなこともあってか、実際には排出許可制度は十分に執行されていないようである（そもそも排出許可という制度自体が実施されていない地方が少なくないと言われる）。

　なお、排出標準の遵守が民事責任を免れさせるか否かという問題があったが、排出許可証の条件を遵守していれば民事責任を免れまたは責任が軽減されないかどうか、という同様の問題がある。これについては、排出許可証の遵守と民事責任の有無ないし内容とは無関係であるとの考え方もありうるが、総量規制に基づき科学的に算定して各企業・事業単位に排出枠が割り当てられるとすれば、排出許可証の要求（排出枠）を遵守するなら環境汚染は生じないはずであって、それでも環境汚染が生じたとすればそれは排出枠自体に問題がある、つまり環境保護行政主管部門に責任があるというべきであり、企業・事業単位に責任があるとはいえない、少なくとも責任軽減の根拠にはなる、という見解[2]が最高人民法院環境資源審判庭編の書物で示されており、今後どのように議論や裁判実務が推移するか不明である（もっとも、一定の広がりを持つ空間全体の中での汚染物質排出総量と環境汚染の発生の間の関係と、個々の事業者の汚染

第三章　中国環境法の基本的制度

行為と個々の被害の間の関係の問題とは次元が異なるのではないかと思われる）。

V　排汚費

中国には、汚染物質の排出や生活環境に負の影響を与える行為をする者に対して金銭の納付を義務付ける一般的な制度がある。これを環境税と呼んでもいいが、中国では排汚費（原語「排汚費」のまま）と呼んでいる。排汚費の概念は 1979 年の環境保護法（試行）に遡ることができ、その本格的な制度化は 1980 年代前半に始まった。現在いくつかの法律に排汚費に関する規定があるが、環境保護法では、43 条に「汚染物質を排出する企業、事業単位及びその他の生産経営者は、国家の関連規定に基づき排汚費を納付すべきものとする。」と定められている（1 項前段）。その制度的具体化は、国務院排汚費徴収使用管理条例（排汚費征収使用管理条例。2003 年施行）、2003 年国家発展改革委員会、財政部、国家環境保護総局、経済貿易委員会合同による排汚費徴収管理弁法（排汚費征収標準管理办法）、財政部、環境保護総局による排汚費資金収納使用管理弁法（排汚費資金収繳使用管理办法。2003 年施行）等の法令によりなされている。

なお、現在環境に関わりのある税に資源税や付加価値税等いくつかのものがあるが、環境税制を再編・改革して環境保護税法を制定しようとする動きがある。新しい環境保護法 43 条 2 項が「法律の規定に基づき環境保護税を徴収した場合、重ねて排汚費を徴収しない。」と定めているのは、この立法的動きを睨んだものと考えられる。

1　排汚費の意義・法的性格

排汚費は、汚染物質等の排出に対して、その量に応じ義務として国家に納付する金銭である。排出それ自体に課されるのであり、何らかの義務違反に対して課されるものではない。したがって、（少なくとも行政法上は）適法な排出行

---

2) 最高人民法院環境資源審判庭編著『中華人民共和国環境保護法　条文理解与適用』93 頁以下がそのような見解に近い立場を示している。

為に対しても課されるのである。排汚費制度導入の当初は、排出標準を超える排出に対して課される、懲罰的な性格を有していたが、次第に排出標準を超えない排出に対しても課される環境賦課金の性質を有するものとして変成してきた。2014年改正前の環境保護法でも、「国または地方の汚染物質排出標準を超えて汚染物質を排出する企業、事業単位は、国家の定めるところにより標準超過排汚費を納付し、併せて治理責任を負うものとする。」と定め（28条1項前段）、排出標準を超過した場合に限定していた（なお、同条同項後段は、水汚染防治法が別段の定めを置いているところに関しては同法の規定に基づいて執行する旨定めていたのは、水汚染防治法はすでに1984年改正の時点で、排出標準超過を前提としない排汚費制度を定めていたためである）。2015年施行の新環境保護法43条は、先に見たとおり、排出標準の超過を前提としない文言となっており、排汚費の性質の変化はここに完成したと見られる。

環境保護法60条は、排出標準を超過した場合につき、「生産制限、生産停止調整等の措置を命じ、情状が重大なときは……営業停止、閉鎖とする」旨定め、排出標準違反は違法であり、排汚費ではなく行政処罰の対象として扱っている。生産制限や閉鎖等の行政処罰の他、例えば2015年8月に改正され2016年1月施行予定の大気汚染防治法は10万元以上100万元以下の罰款（99条）、あるいは水汚染防治法（2008年改正、施行）は納付すべき排汚費の2倍以上5倍以下の罰款（74条1項）を課す旨の定めをしている。このように、排出標準を超える排出は違法であって制裁の対象となるという発想が法制度上確立している（ただし、騒音については、標準を超える場合に排汚費が賦課されることとなっている）。

2　排汚費の徴収
(1)　排汚費の算定基準

排汚費が徴収されるのは、大気、海洋、水体への汚染物質の排出と固体廃棄物の処分、騒音の発生である。排汚費は、排出される汚染物質の種類および量に基づいて算定されることとされており（排汚費徴収使用管理条例17条1項）、具体的な算定方法は排汚費徴収管理弁法に定められている。その内容を全部ここで紹介する余裕はないが、イメージをつかむために、水汚染物質について一

第三章　中国環境法の基本的制度

部だけ紹介すると、例えば、水体への汚染物質の排出に関しては、

　　　排汚費＝汚染当量数×0.7元

となっている（排汚費徴収管理弁法の付属文書一汚水排汚費徴収標準および計算方法の（一））。汚染当量数は、

　　　汚染当量数＝汚染物質排出量／汚染当量値　　（量の単位はkg）

で、汚染当量値は物質ごとに異なり、一例として第一類に分類されている物質（第二類には浮遊物質、COD、BOD、石油等51の物質が分類されている）の汚染当量値を示すと、表のようになっている。汚染当量値は汚染当量数を算定する際の分母になるので、小さければ小さいほど汚染当量数が大きくなり、排汚費も多くなる仕組みである。個々の事業者が複数の水汚染物質を排出していることも少なくないであろうが、その場合は、排出物質のうち汚染当量数の多いほうから三つまでが排汚費が賦課される対象となる。排出標準を超過する排出に対しては、所定の計算式に従って算定された排汚費の額を倍した標準超過排汚費が課されることともされている（排汚費徴収管理弁法の付属文書一汚水排汚費徴

表：第一類水汚染物質汚染当量値

汚染物質	汚染当量値(kg)
1．総水銀	0.0005
2．総カドミウム	0.005
3．総クロム	0.04
4．六価クロム	0.02
5．総ヒ素	0.02
6．総鉛	0.025
7．総ニッケル	0.025
8．ベンゾaピレン	0.0000003
9．総ベリリウム	0.01
10．総銀	0.02

Ⅴ 排汚費

収標準及び計算方法の（二））。

なお、大気への排出にかかる排汚費は水汚染物質にかかる排汚費と類似の算定方法がとられている（固体廃棄物はやや異なり、騒音の場合はだいぶ異なるが、説明は省略する）。

(2) 徴収手続

個々の排出者の排汚費を算定するためには、各事業者が排出している汚染物質の量を把握する必要がある。この、排出物質とその排出量の把握のための手続は以下のようである。まず、排出者は、県級以上地方人民政府環境保護行政主管部門に排出する汚染物質の種類、量と関連資料を提出する。より具体的には、排出者は、毎年、当年度の実際の状況と翌年度の生産計画から排出されるべき汚染物質の状況を基に、正常な作業条件の下での翌年度の排出汚染物質とその量、濃度等について報告する（2003年关于排污费征收核定有关工作的通知）。それを受けて環境保護行政主管部は汚染物質の種類と排出量を査定するのである。査定の結果は排出者に排汚査定通知書（原語は「排污核定通知书」）により通知される。

上記の査定により一応確定した排出物質の種類およびその排出量に基づいて、納付すべき排汚費の額が算定されるが、その結果は排汚費納付通知書（原語は「排污费缴纳通知单」）として書面で排出者に送付される。そして排出者は、同通知書を収受した日から7日以内に銀行振込にて納付しなければならない（排汚徴収使用管理条例14条2項）。期限までに納付しない場合、罰款その他の行政処罰が課されうる（同条例21条）。通知書に記載された排汚費の額に異議があるときは、通知をした環境保護行政主管部門に再査定（原語は「复核」）の請求ができるが、これも通知書を受け取ってから7日以内である（同条例8条）。

なお、排出者が不可抗力により重大な経済的損失を受けたときは、排汚費の半免ないし免除を受けることができ（排汚費徴収使用管理条例15条）、また特殊な困難な事情があるときは納付の時期を延ばしてもらうこともできる（同16条）。

3 排汚費の用途

徴収された排汚費は、専ら環境保護のための資金として管理・使用されるこ

ととされている。その用途は、排汚費徴収使用管理条例18条および排汚費資金収納使用管理弁法13条1項によると、①重点汚染源の防治、②区域的汚染（流域や地区を跨る汚染等）の防治、③汚染防治のための新たな技術や工程の開発、モデル実施、応用、④その他国務院が定める汚染防治項目、の四つである。

　以上のように、排汚費は、（実効性に対する疑問はこれまでさまざまに提起されてきたが）汚染物質排出を削減するための経済的インセンティヴを付与するとともに、徴収された金銭を環境保全のために用いる、という制度として構築されている。

VI　期限内治理

　期限内治理とは、汚染物質排出標準や総量規制区域における排出枠等を超えて汚染物質を排出した者、重大な環境汚染を発生させた者に対し、一定の期限付きで対策措置を命ずるというものである。期限内治理の命令を受けた者は、期限内に排出標準の達成等の改善をすべく義務付けられる。期限を過ぎるまでは排出標準等が遵守されなくてもよいということにはならず、排出標準等を超えた排出をした場合には、罰款等相応の制裁を免れることはできない、というのが法の建前である。

　大気汚染防治法、水汚染防治法は期限内治理を違反者に対する法的責任の章で定めており（それぞれ48条、74条）、この仕組みが環境法の基本的制度として位置づけられるべきものなのかどうか不明確なところがある（中国の環境法の教科書の中には、期限内治理制度を基本的制度としては扱っていないものもある。このような教科書は、期限内治理を行政処罰の一種として扱っている[3]）が、改正前の1989年環境保護法は、期限内治理を排汚費や排出許可、三同時等の基本的制度と並べて規定していたところであり（29条）、単に義務を課すもので制裁としての性格を有さないとの理解[4]の下に、（中国環境法において普遍的に用い

---

3) 例えば、秦天宝主編『環境法──制度・学説・案例』（2013年、武漢大学出版社）319頁。
4) 陳泉生主編『環境法』（2013年、厦門大学出版社）95頁。

VI　期限内治理

られる）基本的制度として位置づけることが中国でも一般的である。

　期限内に治理をしなければならないのであるが、その期限はどの程度か。元来、法律レベルでは具体的な定めがなかったが、1996年国務院「環境保護の若干の問題に関する決定」は、期限を1～3年としていた。その後2008年の改正で水汚染防治法74条2項が、期限は1年を超えてはならない旨定めるにいたった。さらに、2009年期限内治理管理弁法（限期治理管理办法（試行））6条2項が、期限につき原則として1年を超えないことを定め、1年未満というのが一般的に要請されることとなった。しかし、現実には、期限内治理の命令が違法な排出者に逃げ道を与える機能を果たしていたというのが実態であると言われている。すなわち、産業育成、経済成長のために、汚染物質を制限を超えて排出する企業に対する営業停止等の命令をなるべく先延ばしにするために期限内治理の制度を利用する地方政府が少なくない、とされている。このような実態から、期限内治理制度には批判が多く、廃止すべきであるといった声があった。もともと期限内治理制度は、技術に欠け、設備の劣る企業に対する配慮と環境保護の要請の調和という観点から設けられたもので、中国の歴史的産物という側面がある。環境影響評価制度や三同時制度が事業開始の当初から適用される企業については、期限内に設備を排出規制の要求を満たす新しいものにするといった必要はないはずなので（期限内治理は設備の経年劣化や故障により排出規制が満たせなくなったというような場合を想定した制度ではないようである）、問題なのは昔からある設備の古いままの工場等であるが、そのような工場は、環境保護の要請からすれば本来稼働を停止すべきものである。以上のような考慮の下で、2015年環境保護法では、期限内治理の規定は置かれていない。排出標準等を守れない企業は生産停止等がされるべきこととされたのである。大気汚染防治法等の個別の法律では期限内治理の規定が残っており、これからもこの制度は運用・実施されるが、今後、個別の法律の改正に合わせて期限内治理の規定が削除されていくことも予想され、注視を要する（なお、2016年施行の大気汚染防止法では、期限内治理という語は用いられておらず、代わりに改善命令（原語は「責令改正」）という語になっている）。

第四章　環境法の行政上の執行

　第三章で見たような諸制度の具体的な構築に当たっては、通常、さまざまな手段が用意され、それらの組み合わせとして制度が形成されている（期限内治理はそれ自体としては制度ではなく、むしろ他の制度を構成する一手段として把握できるかもしれない）。

　それらの諸手段のうち、中国では（具体的）行政行為に着目して法律の仕組みを創る例が多く（行政行為を核として立法されている後述の行政再議法や行政訴訟法等）、中でも、行政許可、行政処罰、行政強制については、それぞれ単独の法律が制定され、特に規律が施されている。また、中国の環境法の教科書でも環境許可、環境行政処罰、環境行政強制が環境法の執行というテーマの下で扱われている例が少なくない。そこで、この三つの行為類型について、どのような法的規律がされているかを本章では見て行くこととする。

I　環境行政許可

1　環境行政許可の意義

　行政許可とは、行政許可法（2003年制定、04年施行）によれば、「行政機関が、公民、法人またはその他の組織の申請に基づいて、法に基づいて審査をし、特定の活動に従事することを許す行為」をいう（2条）。一定の活動に従事しうる資格を与える行為も行政許可に該当する。審査を要しない行為──登記、届け出等──は、行政許可に当たらない。環境法における行政許可をここでは環境行政許可と呼んでおく（2004年制定・施行の環境保護行政許可聴聞暫定弁法（环境保护行政许可听证暂行办法）は環境保護行政許可という言葉を用いている）。汚染物質排出許可、環境影響報告書の認可等が、典型的な環境行政許可に当た

る。行政許可法は、行政許可を設定できる事項を限定したり、行政許可が設定できる事項であっても私的主体の自主的措置や市場競争に委ねることでうまくいくものについては行政許可の設定を許容しないなど、なるべく行政許可を設定しないようにするという姿勢を示しているが、環境保護や人の身体の保護、自然資源の開発といったことに関しては、行政許可の手段を設定できる事項として法定している（行政許可法12条）。なお、行政許可を設定できるのは基本的に法律および法規（行政法規と地方性法規を含む）のみで（後者は前者が制定されていない領域についてのみ設定できる）、規章以下の立法により行政許可を新たに設定することはできないこととされている（行政許可法17条）。行政許可法施行の前後での大きな変化である。

　行政許可は、語弊はあるが、強いて言えば日本の行政手続法における申請に対する処分に近い。行政許可法は行政許可の手続に関する規定だけでなく実体的な規定も置いているが、日本の行政手続法における申請に対する処分に関する規定との比較を主に念頭に置きながら、以下筆を進めることとする。

2　環境行政許可の手続
(1)　申請手続

　行政機関は、許認可の対象事項、根拠、要件、数量、手続、期限、提出すべきすべての資料の目録、申請書の書式を事務所に公示するものとされている（法30条）。これらの事項は、公に示されなければ一般の人には分からないことが多いので、このような規定が置かれたものである。日本の行政手続法5条および6条も、それぞれ審査基準および標準処理期間を公にすべきことを定めているが、これよりも対象事項が多い。なお、「数量」とは、当該行政許可に数的に限界があるかどうか、あるとしてその数はいかほどか（例えば、ある地域内では10人までしか許可が与えられない等）、ということである。

　申請人は、関連する資料を提出する必要があるが、行政機関は、当該行政許可と無関係な資料の提出を要求することはできず（行政許可法31条）、申請人は要求されてもこれを拒否することができる。

　申請に不備があれば、行政機関はその是正の必要性を知らせなければならないが、不備がなければ受理することとされている（行政許可法32条）。

(2) 審査・決定手続

(a) 通常の手続　行政許可の申請に対する決定は、その場で決定できるような単純な場合を除き、通常以下のような手続がとられるべきこととされている。まず、申請資料の審査は複数名の職員によってなされることが要求されている（行政許可法34条3項）。次に、決定前に申請人の意見を聴取すべきこととされている。審査の過程で許可の事項が直接他人の重大な利益に関係すると認められる（発見）ときは、当該利害関係人に通知しなければならず、当該利害関係人の意見も聴取すべきこととされている（行政許可法36条）。申請が法定の条件、標準に適合しているときは、行政許可を与える決定を（書面で）することとなっている。不許可裁量は原則として認められないような規定ぶりである。行政許可を与えないという決定をする場合には、その理由を説明するとともに、行政再議の申請ないし行政訴訟の提起をすることができる旨告知する（行政許可法38条）。

申請を拒否する場合にのみ理由を提示しなければならず、申請を認める場合にはその必要がないという点は、日本の行政手続法と共通であるが、申請人に意見を述べる権利が与えられている点は異なる。それだけでなく、重大な利益にかかわる利害関係人も意見を述べる権利がある点も、公聴会の開催等の努力義務規定を定めるにすぎない日本の行政手続法とは異なる。なお、ここでいう利害関係人にどのような者が当たるのか、行政許可法は何も規定していない。この点は、行政機関の裁量に委ねられているとも言えるが、一般的には、行政許可の数が限定されていてその数を超える申請がされた場合（申請の競合関係の場合）にはこれに当たると解されている。また、施設に関する許可であればその近隣住民、重大な環境影響があるような範囲に居住する者等も、これに該当すると解されているようである。

申請がなされてから許可がされるまでの期間については、原則として20日とされている（行政許可法43条）。もっとも、法律で別段の定めがされていればそれによる。

(b) 聴聞手続　一定の場合には、申請人等に意見を述べる機会を与えるだけでは足りず、聴聞を行わなければならない。聴聞を実施する場合について、行政許可法は①法律、法規、規章が聴聞を実施すべきことを定めている場合、

②行政機関が聴聞を要すると認めるその他の公共の利益に重大な影響を及ぼす許可事項の場合、としている（行政許可法46条）が、環境保護行政許可聴聞暫定弁法は、これに加えて③申請人または利害関係人が聴聞の実施を要求した場合を挙げている（環境保護行政許可聴聞暫定弁法5条3号）。さらに、環境影響報告書を作成すべき建設項目に関し、専門家および住民の意見を聴取していない場合や、聴取したけれども意見に大きな相違がある場合に、環境保護行政主管部門は聴聞会を実施できることともされている（環境保護行政許可聴聞暫定弁法6条）。通常の場合には意見陳述（弁明）、特別の場合に聴聞、という方式は、行政処罰法等中国の近年の行政手続立法にほぼ共通する。

聴聞は主宰者の下で実施される。主宰者は、当該申請を審査する職員以外の職員から指名されることとされている（行政許可法48条1項2号）が、環境保護行政許可聴聞暫定弁法は、当該申請を審査する機構内の審査担当者以外の者を主宰者とすることを原則としつつ、当該機構内の職員が主宰することで公正な処理に影響を及ぼすおそれがある（可能）場合には法制機構の職員が主宰者となるものとしている（環境保護行政許可聴聞暫定弁法8条2、3項）。さらに、審査に当たる職員の近縁者、当事者およびその近縁者、決定結果に直接の利害関係を有する者等も主宰者となることはできない（環境保護行政許可聴聞暫定弁法11条1項）。

聴聞の開催を予め当事者等に知らせる必要があるが、その具体的な方法は当事者等の範囲や特定性によって異なり、例えば、公共の利益に大きな影響を及ぼすがゆえに行政機関が聴聞の実施が必要だと認めた場合については新聞やインターネット等により（弁法17条1項）、当事者および利害関係者の要求に基づいて聴聞が実施される場合は聴聞告知書の送付による（環境保護行政許可聴聞暫定弁法20条1項。もっとも、利害関係人が多い場合には新聞、インターネット等による。同条3項）。

聴聞は、申請に対する審査の暫定的な（初歩）見解とその理由および証拠を審査担当職員が述べ（この事項は聴聞実施の通知にも記載される）、申請人または利害関係人が意見を述べ証拠を提出するとともに、行政機関側の提出した証拠を質し（质证）、行政機関の職員と申請人、利害関係人が相互に弁論をし、最後に申請人、利害関係人が陳述する、という手順で行われる（環境保護行政許

可聴聞暫定弁法28条1項)。環境保護行政主管部門は聴聞の記録を作成し(環境保護行政許可聴聞暫定弁法29条)、この記録に基づいて決定をするものとされる(環境保護行政許可聴聞暫定弁法30条2項前段)。そして、決定において、聴聞における主要な意見につき、採用不採用の説明を付すべきこととされている(環境保護行政許可聴聞暫定弁法30条2項後段)。

3 事後監督

　行政許可法は、許可を与えた後の行政機関による監督についても一般的な定めを置いている。すなわち、被許可者の製品のサンプル調査、公共の安全等にかかわる重要な設備・施設に対する定期検査(行政許可法62条)、被許可者が国家標準等を遵守していない場合の期限内改善命令(行政許可法67条2項)等である。また、許可を取り消す(撤銷)ことができる場合が法定されており(行政許可法69条1項)、許可の取消に関する法律上の根拠を一般的に与えている。同法で定められた取消要件に該当するものとして許可を取り消した場合、補償が必要であることも規定されている(行政許可法69条2項。ただし、欺罔や賄賂によって得た許可を取り消された場合は補償不要)点も併せて興味を惹くところである。

II　環境行政処罰

　行政上の義務の履行を確保するための手段の一つとして、義務の不履行に対して制裁を科すというものがある。中国では、行政上の制裁と刑事上の制裁があり、前者を行政処罰と呼ぶ。後者が刑罰であるのに対し、行政処罰は行政機関によって科されるもので、刑罰ではない。行政処罰は環境行政上の義務を履行させる手段としても当然用いられる。行政処罰について一般的な定めを置く法律は行政処罰法(1996年制定、2009年改正)であるが、個々の環境法令の中にも行政処罰を設定する条文があり、環境上の行政処罰について一般的に規定する法令として2009年12月に制定され翌年3月より施行された国家環境保護部環境行政処罰弁法(环境行政处罚办法)がある(1999年国家環境保護総局環境保護行政処罰弁法に代わって制定・施行された)。この項では、この二つの法令を

Ⅱ　環境行政処罰

中心に、環境上の行政処罰の内容、手続等について見て行くこととする。

1　行政処罰の意義と種類
(1)　意　義
　前述のように、行政処罰とは、義務の不履行に対する行政上の制裁である。例えば排出標準を超える汚染物質の排出行為等の法令違反行為をした者に対して、権限を有する行政部門が罰として金銭（制裁金）の納付を命ずるといった具合である。

(2)　種　類
　行政処罰法によれば、行政処罰には①警告、②罰款、③違法収得金品の没収、④業務（生産・使用）停止命令、⑤許認可証の一時的取上げ、⑥拘留、⑦その他法令が定めるものがある（8条）。このうち②の罰款（原語「罰款」のまま）とは、金銭の納付を命ずる行政処罰である。刑罰ではないので罰金とは異なる。日本の行政法上の概念になぞらえるなら過料がもっとも近いであろう。ただし日本の過料よりも極めて大きな額になることもある。④や⑤は日本の行政法では不利益処分となろうが、中国の行政法においては制裁として観念されているようである。したがって、行政処罰には日本でいうところの過料や不利益処分に相当するようなものも含まれる。ただし、制裁として観念されないものは、不利益を科す行政上の処分であっても、行政処罰には該当しない。例えば、排出標準を超える排出をしている者に対して科される罰款は行政処罰であるが、排出標準に適合するよう改善を命ずる行為は、たんに法令遵守を義務付けるのみであって制裁ではないので、行政処罰に当たらない（行政処罰に該当するか否かにより、行政処罰法が適用されるか否かの違いが生ずる）。⑥の行政拘留は、人の身体を拘束する自由剥奪型の処罰である。

　環境法においては、行政処罰の類型として、①警告、②罰款の他、③生産の停止調整命令、④生産停止、営業停止、廃止（原語は「关闭」）命令、⑤許可証等の一時取り上げ（原語は「暂扣」）または取消（原語は「吊销」）、⑥違法な所得、不法財物の没収、⑦行政拘留、⑧法律法規の定めるその他の行政処罰という八つが挙げられている（環境行政処罰弁法10条）。④の廃止は、行政処罰法の定める行政処罰にはない類型である。これ以外のものは行政処罰に該当しな

い。期限内治理命令は基本制度か行政処罰かという問題があったが（→第三章Ⅶ）、環境行政処罰弁法は、環境保護主管部門が行政処罰を行うときは速やかに違法行為の改善または期限内改善を命ずる等の行政命令をすべきこととし（环境行政处罚办法 11 条）、その行政命令として、建設停止命令や期限内除却命令、違法行為の停止命令等と並んで期限内治理命令を列記しているが（环境行政处罚办法 12 条 1 項）、これらの行政命令は行政処罰に属さず行政処罰手続を適用しない旨定めている（环境行政处罚办法 12 条 2 項）。これら期限内治理等の行政命令は、行政許可ではもちろんないし、行政強制でもないので、行政処罰法、行政許可法、行政強制法いずれの法律も適用されないことになる。

(3) 環境行政処罰の内容と権限配分の特徴

法令上規定されている行政処罰には罰款が多い。その定め方は一様ではなく、統一的な基準があるわけでもなさそうである。罰款額の定め方には、一定の幅の額を定めるもの（例：大気汚染防治法 46 条は 5 万元以下、同 48 条は 1 万元以上 10 万元以下）、一定の基準となる額を基礎としてその「〜倍以上〜以下」といった定め方をするもの、がある。第二のものには、基準となる額として、排汚費等本来納付すべき金銭の額を基礎とするもの（例：固体廃棄物環境汚染防治法 75 条は、危険廃棄物の排汚費を期限を過ぎても納付しない者に対し、納付すべき排汚費の金額の 1 倍以上 3 倍以下の罰款を定めている。その他、水汚染防治法 73 条等）、違法に得た利益を基礎とするもの（例：大気汚染防治法 53 条；違法に得た所得の 1 倍以下の罰款）、生じさせた損害の額を基礎とするもの（例：水汚染防治法 83 条 2 項は、水汚染事故により直接生じた損失の 20％の額を罰款とし、重大または特別大きな水汚染事故の場合は 30％の罰款としている）等が見られる。

以上に見たような罰款の額の定め方の違いは、行為の違法性の程度に応じた制裁を科すという趣旨なのか、本来納付すべき一定の金員の納付のインセンティヴを持たせる趣旨なのか、法を遵守しないことのコストを高め法令遵守のインセンティヴを生じさせる趣旨なのか等によるものと思われる（環境保護法 59 条 2 項は、後述の日数乗法処罰の基礎となる罰款について、汚染防治設備の運転コスト、違法行為により引き起こされた直接の損失または違法な利得等の要素に基づいて確定するものとしている）が、合理性に欠けるとか、違法行為の抑止になっていない等の批判も存するところである。各種の環境保護法律の定めを見

ると、罰款を科す権限は環境行政主管部門に配分されている場合が多い。

　全般に、行政処罰権限は県級以上の行政機関に与えられている（環境行政処罰弁法14条1項は、「県級以上の環境保護主管部門は、法定の職権の範囲内で環境行政処罰を行う。」と定め、環境行政処罰の権限は県級以上に限定されている）。

　生産停止調整、営業停止、廃止等の処罰は、事業活動自体をさせないという重いものである。この種の行政処罰は、情状が重い場合（原語は「情节严重」）に科されるものとされていることが多い（環境保護法60条、大気汚染防治法49条1項、水汚染防治法75条2項、77条等）。このような文言が条文上用いられていなくとも、この種の行政処罰が定められているのは違法性の程度ないし違法行為の影響の大きいと考えられる場合であるように見える（大気汚染防治法50条、水汚染防治法78条等）。なお、排出標準や総量規制排出枠を超えた場合の営業停止または廃止の命令に関しては、（後述する）生産制限・生産停止調整実施弁法が四つの要件を列記している（8条）。すなわち、①二年以内に重金属または難分解性有機汚染物質等を含む有毒物を排出し汚染物質排出標準を超えたために二度以上行政処罰を受け、再度同じ行為をした場合、②生産停止調整命令を受けたが生産を停止せずまたは勝手に生産を再開した場合、③生産停止調整決定が解除された後、事後調査により再度同一の違法行為を行っていたことが発覚した場合、④法律、法規が定めるその他の重大な環境上の違法行為、以上の四つである。この種の行政処罰は、人民政府にその権限が付与されていることが多いが、その際、環境保護主管部門等の建議を経ることとされている場合もある。

　なお、環境行政処罰弁法16条2項は、「人民政府により生産停止調整、営業停止、廃止等がなされるべき違法が疑われる案件については、環境保護主管部門は立案調査をし、併せて、処理に関する建議を人民政府に提出・報告する」旨定めている。ただし、2015年環境保護法は、排出標準または重点汚染物質総量規制排出枠を超過して汚染物質を排出した企業・事業単位等に対する生産停止調整命令について、生産制限命令とともに、（県級以上の）人民政府環境保護主管部門に権限を付与する規定を置いている（環境保護法60条）。改正前の環境保護法では、基準を超える排出に対する環境保護主管部門の権限は、（設備を）改めて取り付けて（安装）使用することを命ずること（および罰款）に限

られていたが、営業停止、廃止は人民政府にその命令権限が留保されたままであるものの、生産停止調整については環境保護部門に権限が付与されたのである。これを受けて、環境保護部は、2014年末に生産制限、生産停止調整実施弁法（环境保护主管部门实施限制生产、停产整治办法）を制定し（2015年1月施行）、その要件や手続の詳細を定めている。

行政拘留は、人身の自由に対する極めて強い制約を科す処罰であり、行政処罰の中では最も重いものと理解されており、したがって、犯罪を構成するほどではないものの悪質性の高い行為に科される。環境保護法63条は、①建設項目につき、環境影響評価をせず、建設停止を命ぜられたにも拘わらずこれに従わない場合、②法律に反して汚染物質排出許可証を取得せず、排出停止を命じられたにも拘わらずこれに従わない場合、③暗渠等を通じてまたは観測数値を改竄ないし偽装する等監督を逃れる仕方で違法に汚染物質を排出した場合、④明確に生産、使用が禁止されている農薬を生産、使用し、改善を命じられたにも拘らずこれに従わない場合の四つを行政拘留に処される事態として列記している。いずれも悪質性の程度が高く情状が重い場合である。同条は、直接責任を負う職員に対し10日以上15日以下の拘留とするものとしている（情状が比較的軽い場合は5日以上10日以下）。行政拘留に処す権限を有するのは公安機関であり、環境保護主管部門等は公安機関に事件を移送することとされている（同法同条、環境行政処罰弁法16条3項）。なお、個別の法律で行政拘留の他にも行政処罰が定められている場合には、行政拘留を科すとともにその法定の処罰をすることができる（例えば、環境影響評価法31条によれば、環境影響評価文件の認可を得ずに建設を始めた場合、当該事業単位に対し罰款を科すことができる）。

2　行政処罰の手続

行政処罰を科すには所定の手続を踏まなければならないこととなっている。これには、行政処罰一般に本来妥当（通常履践）すべき一般手続と、軽微な処罰の際にとられる簡略化された手続である簡易手続とがある。

(1)　一般手続

一般手続として法定されている手続過程は、立件（立案）、調査、審査、告知・聴聞、決定、執行というものであるが、日本の行政手続法に相当するのは

Ⅱ 環境行政処罰

主要には告知・聴聞の部分である。その他の分節過程においても、違法行為が発見されてから2年経過していたら立件しないとか（立件手続。環境行政処罰弁法22条4号）、調査を実施する職員と相手方との間に直接の利害関係があってはならないとか（調査手続。行政処罰法37条2項）、あるいは、罰款の決定をする行政機関と罰款を徴収する行政機構との分離原則（執行手続。行政処罰法46条1項）といった重要な手続的規定があるが、告知・聴聞を中心にここでは説明する。

まず、行政処罰の決定をする前に、相手方（原語では「当事人」）に対し、行政処罰決定に関連する事実、理由、根拠を告知するものとされている（行政処罰法31条、環境行政処罰弁法48条1項）。そして、日本の弁明に類するが、相手方は反論を含めて意見を述べることができ、相手方の主張する事実、理由、証拠を審査して、成立すると認められる場合にはこれを採用しなければならない（行政処罰法32条1項、環境行政処罰弁法49条1項）。当事者が意見を述べたからといって処罰を加重してはならないということもわざわざ規定されている（行政処罰法32条2項、49条2項）。以上の手続を踏んでいない事実、理由、根拠は不成立とされ（行政処罰法41条）、行政処罰決定の基礎としてはならない。

次に、行政処罰の決定に当たっては、法令違反の事実および証拠、行政処罰の種類と根拠等を行政処罰決定書に記さなければならない（行政処罰法39条、環境行政処罰弁法54条）。これは、日本における理由付記に類する。

さらに、一定の重い処罰の決定をする場合には、相手方は聴聞（原語は「聴証」）手続の実施を要求することができる（行政処罰法42条、環境行政処罰弁法48条2項）。これは、通常の意見陳述手続よりも慎重な手続であり、日本における聴聞に類する。すなわち、主宰者の下で、行政処罰をしようとする行政機関の職員が事実、証拠、適用法条、予定されている行政処罰の内容、その理由等を示し、相手方はこれに反駁し、証拠を提出する等、相互に弁論が展開される。主宰者は聴聞記録を作成するが、この聴聞記録は、行政処罰決定の際の唯一の根拠資料とされる。主宰者は行政機関によって指定された者がこれに就くが、当該案件の調査に当たった職員は除かれ、また、主宰者が当該案件と直接の利害関係を有すると相手方が思料するときは、忌避の申し立てをすることができる。聴聞手続の対象となるのは重い処罰をしようとする場合であるが、こ

れは、許可証の取上げや額の大きな罰款ないし没収等を指す(法42条1項、環境行政処罰弁法48条2項)。額の大きさとしてどれほどのものが要求されるのか、一般的にははっきりしないが、環境行政処罰では、個人の場合5000元以上、法人その他の組織の場合50000元以上とされている(環境行政処罰弁法78条)。

(2) 簡易手続

簡易手続は、事実関係が明確で、処罰の内容も軽微であるなど、一般手続ほどの慎重な手続を採るまでもないような案件で、現場で直ちに行政処罰をする場合において採られる簡略な行政処罰手続である。①違法事実が明確で、②情状が軽微かつ法定の根拠があり、③警告、または、個人の場合50元以下、法人その他の組織の場合1000元以下の罰款を科そうとする場合がそうである(行政処罰法33条、環境行政処罰弁法58条)。簡易手続においても、①現場で相手方に違法事実、行政処罰の理由と根拠、なそうとする行政処罰を説明するとともに、②相手方からの弁明を聴くといったことが要求される(環境行政処罰弁法59条)。

3 行政処罰決定に当たっての考慮事由

行政処罰の決定は自由裁量であると理解されているが(自由裁量の意味については、日本法におけるそれとの異同を含めて、検討が必要かもしれない)、環境行政処罰弁法6条は考慮すべき事項として、①違法行為が引き起こした環境汚染、生態破壊の程度および社会的影響、②当事者の過誤(故意・過失)の程度、③違法行為の具体的な態様または手段、④違法行為の危害の具体の対象、⑤当事者は初犯か再犯か(行政処罰は刑罰ではないがこのような言い回しが用いられている)、⑥当事者の違法行為の改善の態度および採られた改善措置とその効果、の六つを挙げている。また、同条は、立法目的に適うこと、類似のケースでは類似の処罰内容とすべきこと等も要求している。

4 生産制限・生産停止調整

上述したように、環境保護法の2014年改正により、排出標準等を超える汚染物質の排出行為に関しては、県級以上の人民政府環境保護主管部門が生産制

Ⅱ 環境行政処罰

限および生産停止調整の権限を新たに与えられることとなった。その詳細を定める弁法を環境保護部が制定したことについても記述のとおりである。そこで、一般の環境行政処罰と分けて、これらの行政処罰に関する法令の定めを以下紹介することとする。

(1) 意 義

生産停止調整とは、暫定的に生産を停止させ、改善措置が採られて、その検査の結果が確かめられた場合に、生産活動を再開することができる、というものであり、行政処罰の一種に分類されている。一時的ではあれ生産活動が禁止される点で、比較的重い処罰である。生産制限は、新たに設けられた類型のもので、その正確な意味はよく分からないが、生産停止調整よりも重くはないが同様の機能を有するものとされていることから、暫定的な生産活動の停止ではなく生産活動の制限・縮小を命ずるもので、改善措置がとられその有効性が確認された後、従前どおりの生産活動を再度可能とする、というものではないかと推測される。これが行政処罰なのか行政命令なのかも不明であるが、行政処罰であると解されているようである[5]。

(2) 要 件

環境保護法では、生産制限命令と生産停止調整命令とで、要件が異なっておらず、どちらも、汚染物質排出標準または重点汚染物質排出総量規制排出枠を超えて汚染物質を排出することであるが、生産制限・生産停止調整実施弁法では、両者の実質的な重みを考慮して、要件に違いを設けている。すなわち、生産制限命令の要件は、汚染物質排出標準または重点汚染物質日最大許容排出総量規制排出枠を超えて排出したことである（生産制限、生産停止調整実施弁法5条）。これに対して生産停止調整命令を出すための要件は、①暗渠等を通じて、または観測数値の改竄・偽造、汚染防治施設の不正常稼働等監督を回避するようなやり方で汚染物質を排出し、汚染物質排出標準を超過した場合、②重金属・難分解性（原語は「持久性」）有機汚染物質等を含む環境に重大な危険を生じまたは人体の健康に損害を与える汚染物質を不法に排出し、汚染物質排出標準の3倍以上を超えた場合、③重点汚染物質排出総量規制年排出枠を超えた場

---

[5] 呂忠梅主編『中華人民共和国環境保護法釈義』（2014年、中国計画出版社）199頁。

合、④生産制限命令を受けた後なお汚染物質排出標準を超えて汚染物質を排出した場合、⑤突発的事件により汚染物質を排出し排出標準または重点汚染物質排出総量規制排出枠を超えた場合、⑥法律、法規が定めるその他の場合、以上六つのどれかに該当する場合である（生産制限、生産停止調整実施弁法6条）。たんなる基準超過排出に加重された要件となっている（②の言い回しは環境法令においてよく見られるものであるが、環境保護法42条4項に同じ文言があり、同条項はこれを「厳禁」としている）。さらに消極要件として、公共的業務を行っている一定の施設等については、（罰款等の）他の処罰をするのみにとどめ、生産停止調整を命じなくともよいとされている（生産制限、生産停止調整実施弁法7条）。

(3)　手　続

処罰の決定前に一定の事項を相手方に告知し弁明を受けること、処罰決定書に一定の事項を記載すべきこと等、行政処罰の一般手続と基本的には同様である。ただし、生産制限、生産停止調整命令は、排出標準等の遵守が確保されるような措置をとることを義務付けるものであるため、汚染物質排出者が履行すべき義務の内容が決定書に記載すべき事項として加えられている等の点において若干の違いがある。

(4)　効　果

相手方は生産を減少させまたは一時的に停止しなければならない。生産制限は基本的に3カ月を超えないこととされている（生産制限、生産停止調整実施弁法15条1項）が、生産停止調整の期限は、それが解除されるまでとされている（同条2項）。いずれの場合も、直ちに改善をしなければならず、改善計画（原語は「整改方案」）を環境保護主管部門に提出すべきこととなっている（生産制限、生産停止調整実施弁法16条1項）。

5　日数乗法処罰

(1)　日数乗法処罰の設定とその背景

汚染物質の違法な排出に対する罰款について、2015年施行の環境保護法では、新たに違反日数をもとの罰款の額に乗じた罰款を課すという仕組みが設けられた（環境保護法59条）。すなわち、違反に対して罰款が科されるとともに

II 環境行政処罰

改善命令を受けたけれども改善されない場合、改善命令を受けた日の翌日から起算して続けて違反があった日数をもとの罰款額に乗じた額を罰款として科すという仕組みである。環境保護部は、2014年12月に環境保護部門日数乗法処罰実施弁法（环境保护主管部门实施按日连续处罚办法）を定め、新しい仕組みの実施のための具体的な定めを用意している。新設された重要な行政処罰に関する仕組みなので、独立の項目としてこれを取り上げることとする。

この日数乗法処罰が新たに設けられた背景には、排出標準等の規制の実効性を上げるという目的がある。従来、中国では、遵法コストが高く違法コストが低いと言われ、排出規制を守るよりも罰款を支払うほうが企業にとって経済的に合理的であり、法遵守に対するインセンティヴに欠けるという指摘がされていた。例えば、大気汚染防治法上、排出標準を超える排出があった場合に罰款が科されることになっているが、その額は1万元以上10万元以下となっており（大気汚染防治法48条。ただし、2106年から施行される改正大気汚染防治法99条では、10万元以上100万元以下と10倍になっている）、たいした額ではない。これが日数を掛けた額になると、連続した違反日数が30日なら罰款の額が30倍と各段に跳ね上がり、違反者に対する威嚇効果が大きくなる。このようにして違法コストを高くするというのが新しい仕組みの目的の一つである。

もう一つ、従来、排出違反等が一定期間継続してなされる場合、これを一つの違反行為と見るか複数の違反があったと見るかが明確でなかった。後者のような扱いをして処罰を重くするには明確な法的根拠が欠けるため、実際の行政上の取扱いでは一つの違反行為とされていたようである。しかし、このような扱いだと、処罰の重さと違反の継続期間の長短とが基本的に無関係ということとなるという問題がある（継続期間が長期に渡る場合、その点が罰款額の決定に当たって酌量される余地はもちろんあるが、その程度にとどまる）。また、違法行為のコストが低いという前述の問題にもつながる。そこで、違反行為の継続する期間の長短に合わせて処罰するための明確な法的根拠を創る、ということも新しい仕組みが法定されたもう一つの理由である。

(2) 日数乗法処罰の要件・効果・手続

日数乗法処罰の具体的な内容は以下のとおりである。まず、日数乗法処罰をするための要件であるが、環境保護法59条1項は「企業・事業単位またはそ

の他の生産経営者が違法に汚染物質を排出し、罰款の処罰を受け、改善を命じられ、なお改善をしない場合、法に基づき処罰の決定をした行政機関は、改善を命じた日の次の日から起算して、もとの処罰の額により日数を乗じた処罰をすることができる。」と定めており、これによると、①違法に汚染物質を排出したこと、②罰款の処罰を受けるとともに改善命令を受けたこと、③改善命令に従わないことの三つが要件となっている。

①の違法な排出について、環境保護部門日数乗法処罰実施弁法は、ⅰ）排出標準、重点汚染物質排出総量規制排出枠を超過して汚染物質を排出することの他、ⅱ）暗渠等を通じて排出したり観測値を改竄したりといった監督管理を逃避するようなやり方で排出すること、ⅲ）法令により排出が禁止されている汚染物質を排出すること、ⅳ）違法に危険な廃棄物を廃棄すること、ⅴ）その他違法に汚染物質を排出すること、を挙げている（環境保護部門日数乗法処罰実施弁法5条）。排出許可証を取得せずに排出することも違法な排出であるが、これはⅴ）に含まれるのかどうか、若干不明確なところではある。

②は特に説明不要と思われるが、改善命令を受けたことが要件となっている点に注意が必要である。罰款が科されたのみで、改善命令が出されていない場合には、日数乗法処罰は適用されない。なお、環境保護部門日数乗法処罰実施弁法8条によれば、改善命令により、違法排出行為の即時停止が命じられることとされている。

③の改善命令に従わないことについては、環境保護部門日数乗法処罰実施弁法13条は、再調査（後述）においてなお違法な汚染物質排出行為が継続していることを発見した場合（1号）の他、再調査の拒絶、妨害（2号）もこれに含めている。

効果は、もとの罰款額に違法排出行為が継続した日数を乗じた額を罰款として科すことができるということである。継続した日数は環境保護法59条によれば改善命令を受けた日の翌日から起算されるが、改善命令を受けた日につき、環境保護部門日数乗法処罰実施弁法17条は改善命令決定書が排出者に送達された日としている。同条によれば、その翌日から再調査により違法排出が認められた日までが乗数となる日数で、再々調査でなお改善が認められないときは掛けられる日数がさらに累積される。違法排出行為が改善された場合はそこで

いったん違法排出行為の継続は途切れ、その後再度違法排出行為があった場合、改めて処罰がされ、日数乗法処罰についても改めて起算される。乗数日数は改善されるまで永久に累積され、上限がない（環境保護部門日数乗法処罰実施弁法18条）。なお、もとの罰款の額は、汚染防治施設の運転コスト、違法行為が引き起こした直接の損失、違法に得た利益等の要素を考慮して決定するものとされている（環境保護法59条2項）。

日数乗法処罰を科すためには、これが行政処罰の一種であることから（ただし、後述するところを参照）、行政処罰一般に関する手続を履践する必要がある。これに加え、環境保護部門日数乗法処罰実施弁法によれば、環境保護行政主管部門は、改善命令を送達した日から30日以内に秘密裏に（暗査方式）排出者の排出行為の改善状況の再調査の実施をすることとされている（環境保護部門日数乗法処罰実施弁法10条）。そして、その再調査により違法な排出行為が改善されていないことが発見された場合に日数乗法処罰をすることができることとなっている（環境保護部門日数乗法処罰実施弁法12条）。

(3) 日数乗法処罰の法的性質

日数乗法処罰の法的性質は、やや不明確なところがあるが、行政処罰（罰款）であると思われる。改善命令に従わせるための手段であると考えれば行政強制執行の一類型とも見られるが、違法な排出に対する制裁であると考えれば行政処罰とも見られる（後者の場合は、改善命令とそれへの不服従は日数乗法処罰をするための単なる要件と見ることになろう）。環境保護部門日数乗法処罰実施弁法15条は、「日数乗法処罰を科すに当たり法律の定める行政処罰手続に適合するものとする」と定めており、日数乗法処罰を行政処罰の一類型と見ているようである。

Ⅲ　環境行政強制

行政上の義務の履行を確保するための手段として、行政処罰と並んで、行政強制がある。行政強制法という法律がこれを法的に規律している。行政強制法の規律する行政強制には、行政強制措置と行政強制執行の二つのカテゴリーがある。行政強制措置とは、「行政機関が、行政管理過程において、違法行為を

第四章　環境法の行政上の執行

制止し、証拠毀損を防止し、危害の発生を回避し、危険の拡大を統制する等のために、公民の人身の自由に対し一時的な制約を加え、または、公民、法人その他の組織の財物に対し一時的に統制をする行為を言い（行政強制法2条2項）、行政強制執行とは、「行政決定を履行しない公民または法人その他の組織に対し、行政機関が自ら、または行政機関が人民法院に申請して、義務の履行を強制すること」を言う（同法2条3項）。

　行政強制措置は、強制調査や即時執行に相当し、行政強制執行は、行政上の強制執行や行政上の義務の裁判所による強制執行に相当する。したがって、行政上の義務の履行の確保の手段としては行政強制執行がこれに当たり、行政強制措置はそのような性質を有しないが、現実には、法令違反の行為がある場合に行政強制措置が発動されることが想定されており、環境法上の義務の履行確保の手段としての意味を持っていると考えてよいように思われる。特に、行政強制措置の一種である封鎖、差押については、環境保護部が2014年末に環境保護主管部門封鎖・差押実施弁法を制定しており、最近の動きとして重要であるので、便宜的な面もあるが、ここで取り上げることとする。

1　環境上の行政強制措置　——　封鎖・差押
(1)　意　義

　行政強制措置の意義はすでに述べたが、これには、①公民の人身の自由の制限、②場所、施設または財物の封鎖、③財物の差押、④預金、送金の凍結、⑤その他という五つの類型がある（行政強制法9条）。環境保護法25条は「企業・事業その他の生産経営者が法律法規に反して汚染物質を排出し重大な（原語は「严重」）汚染を引き起こしまたはそのおそれがあるときは、県級以上の人民政府環境保護主管部門その他環境保護の監督管理に職責を負う部門は、汚染物質を排出する施設、設備を封鎖または差し押さえることができる。」と定め、一定の場合に環境保護部門に封鎖、差押の一般的な権限を与えている。

　封鎖（原語では「査封」）とは、財物等の使用、処分を制限する措置で、主要には、不動産や移動困難な財産に対して、封印紙（原語は「封条」）を貼付するという方式でなされる（環境保護主管部門封鎖・差押実施弁法5条2項参照）。差押とは、財物の占有を所有者から解き、その使用、処分を制約する措置で、動

産に対して用いられる。

　いずれの措置の場合も、本来の所有者は、当該場所ないし財物を使用することができないこととなる。行政強制執行一般が暫定的・一時的な措置であり、行政強制法25条、環境保護主管部門封鎖・差押実施弁法15条1項は、封鎖、差押とも基本的に30日を超えてはならないとしている（ただし、30日を超えない範囲で延長は可能）。

(2) 要　件

　封鎖、差押をするための環境保護法上の要件は、違法に汚染物質を排出したこと、重大な汚染を引き起こしまたはそのおそれがあることの二つであるが、環境保護主管部門封鎖・差押実施弁法4条はこれを具体化した規定である。すなわち、①伝染病の病原体を含む廃棄物、危険廃棄物、重金属または難分解性有機物を含む汚染物等有毒物質その他の有害物質を違法に排出し、投棄し（原語は「傾倒」）または処分した場合、②飲用水水源一級保護区、自然保護区核心地区において法律法規に違反して汚染物質を排出し、廃棄しまたは処分した場合、③化学工業、製薬、石油化学、製革等の工業汚泥を法律法規に違反して排出しまたは廃棄した場合、④暗渠等を通じて、または観測数値の改竄等監督を回避するような仕方で、法律法規の規定に違反して汚染物質を排出した場合、⑤大きな突発的環境事件の発生後、要求（「要求」とは、環境保護法47条3項等により実施すべき、という意味であろうと推察される）に基づく生産停止、排出停止措置を実施せず、法律法規の規定に反して汚染物質の排出を継続した場合、⑥法律、法規が定めるその他の重大な汚染を引き起こしまたはそのおそれのある違法な汚染物質排出行為、以上のいずれか一つに該当する場合に、封鎖、差押がなされる。

　なお、環境保護法25条では封鎖、差押が「できる（原語は「可以」）」となっているが、環境保護主管部門封鎖・差押実施弁法4条では「できる」という文言が用いられていない。「するものとする（応該、応当、該）」という文言もなく、その意味合いについては検討が必要である。公共的業務を行っている等の一定の施設については封鎖、差押をしなくてよいとされているが（環境保護主管部門封鎖・差押実施弁法6条）、これは、生産制限、生産停止調整の場合と同様の消極要件である。

手続的要件としては、告知と弁明、決定書に封鎖、差押をする根拠と期限や排出者が履行すべき義務等を記載すべきこと等、行政処罰の一般手続と類似の規定がされている（行政強制法18条6号、環境保護主管部門封鎖・差押実施弁法12条2号、11条）。なお、重い行政処罰をする際の聴聞に相当する手続に関する規定は見当たらない。

2　環境上の行政強制執行
(1)　環境上の行政強制執行の意義・種類

　行政強制執行の一般的な意義はすでに述べた。行政強制執行には、①加重罰款または滞納金、②預金・送金の差押、③競売または封鎖、差押をした場所、施設または財物の処分、④妨害排除、原状回復、⑤代履行、⑥その他の強制執行方式がある（行政強制法12条）。

　①の加重罰款、滞納金とは、金銭を納付すべき義務を履行しない者に対し、更に加重した金銭を賦課することにより、義務の履行を促進しようとする行政強制執行である。罰款に課されるのが加重罰款（原語は「加処罰款」）、税等に課されるのが滞納金である。あくまで金銭納付義務に限ってその履行を確保するための手段であるので、日本でいう執行罰とは適用範囲が異なるが、間接強制という点で執行罰に近い性質を持つと言いうる。加重罰款を定める法令の規定の例を挙げると、行政処罰法51条は、行政処罰決定を期限までに履行しない者に対して行政処罰の決定をした行政機関がとりうる措置として、「期限までに罰款を納付しない場合、一日当たり罰款の額の3％罰款を加重すること」（1号）を挙げているが、この加重される3％の罰款は加重罰款である。前述のとおり、罰款は行政処罰であるが、加重罰款はその履行を確保するための行政上の措置であり、それ自体は行政処罰でなく、行政強制執行の一類型である（行政処罰法ではなく行政強制法の規律を受ける）。これも前述のとおり、環境法においては環境保護主管部門が罰款を科す権限を付与されていることが多く、したがって、加重罰款についても環境保護主管部門が当該措置をとる権限を有している。

　②の預金・送金の差押とは、銀行預金等を差し押さえてそこから本来納付すべき金銭の額を差し引くことを言う。直接強制の一類型である。一般に、行政

Ⅲ　環境行政強制

強制執行は法律によって定められるべきところ（行政強制法13条1項）、環境法の領域では預金・送金の差押を授権する規定は見当たらない。

③は、義務者の財産を差し押さえて競売に掛け、納付すべき金銭に充当することであり、②と同じく、直接強制に属し、金銭納付義務の履行確保に用いられる。行政強制法46条3項は、行政管理過程において封鎖・差押（1⑴②）をした財物を競売にかけ罰款に充当する権限を、一定の要件の下に、行政機関に与えている。したがって、環境保護主管部門封鎖・差押実施弁法により封鎖・差押をした財物があれば、行政機関が自ら（人民法院を経ずに）罰款の強制徴収ができることになる。

④の妨害排除、原状回復は、違法行為の停止や元の状態の回復を強制的に執行することを指す。例えば、道路交通安全法106条は、一定の障害物を設置したことにより視界を妨害する者に対し、公安機関交通管理部門が妨害の排除を命じ、一定額の罰款に処し、強制的に妨害を排除する旨定めているが、最後のものがここでいう行政強制執行としての妨害排除である。強制性の有無では違いがあるが、その作用面では、次の代履行と同様の性格のものである。

⑤の代履行は、代替的作為義務を義務者が履行しないときに、行政機関が自ら当該義務の内容を実施しまたは第三者にそれを委託し、その費用を本来の義務者に負担させることを言う。日本の行政代執行に類似する。相手方が妨害した場合にそれを物理的に排除して執行できるかどうかは問題となるが、これは否定的に解されている。なお、行政強制法50条は、「行政機関が妨害排除、原状回復等の義務の行政決定の履行を当事者に要求したが、当事者が期限を過ぎても履行せず、催告をしてもなお履行しないときは、その結果として交通の安全を害しまたは環境汚染若しくは自然資源の破壊を引き起こしまたはそのおそれがある場合、行政機関は代履行しまたは利害関係のない第三者に代履行を委託することができる。」と定め、環境保全上必要な場合につき一般的に代履行の権限を行政機関に付与している。注目される規定である。妨害排除等の命令をする権限を有する行政機関は、要件が満たされている限り常に代履行を実施する権限をも有することになる。代履行の前提となる命令の権限は、法律に限定されず、条例（行政法規）によって創設されたものでもよい。

⑥その他の行政強制執行方式は、行政強制執行には多様な方式がありうると

ころ、①〜⑤のいずれにも分類できないものについての受け皿となる概念である。いろいろな例があるが、一つだけ挙げておくと、都市計画法（原語は「城市規划法」）68条の定める、違法建築物解体命令に従わない場合の建築物強制解体がある。代履行と同じようでもあるが、物理的な強制力を有する（妨害・抵抗を強制的に排除できる）点で異なる（最高人民法院は、都市計画法に反する違法建築物等の強制解体について、法律は行政機関に強制執行権を付与しており、人民法院は行政機関の執行申請を受理しない、との見解を示している。2013年4月2日発布「最高人民法院关于违法的建筑物、构筑物、设施等强制拆除问题的批复」）。

(2) 行政強制執行の実施

(a) 一般規定　行政強制執行一般に妥当すべき規律としては、以下のようなものがある。まず、義務者に事前に催告をしなければならない（行政強制法35条）。いきなり執行をしてはならないということであるが、「教育・強制結合原則」（行政強制法6条）の具体的な表れと見ることができよう。

次に、相手方に弁明の機会を与えなければならない（行政強制法36条）。また、行政強制執行の決定に当たっては、その理由、根拠、強制執行の方式等を記載すべきこととされている（行政強制法37条）。

以上は手続的規律であるが、実体的規律としては以下のような定めがある。まず、①義務者が履行することが確かに困難でありまたは履行能力がない場合、②強制執行の対象物について第三者が質権等の権利を有していることを主張しそのことに理由がある場合、③執行が損失の補てんを困難にしかつ執行を中止しても公共の利益に対する損害を生じさせない場合、④その他行政機関が執行を中止すべきであると認める場合という四つの要件のどれかに当てはまる場合、行政強制執行を中止しなければならない（行政強制法39条）。ここで中止とは、一時的に停止することを意味し、中止事由が消滅した後は行政強制執行を再開することができる。

次に、やや特殊な規定として、義務者との協議により、段階的な履行を約してよいとか、加重罰款等を減免してよいといった、行政強制執行についての和解を認める条文がある（行政強制法42条）。また、夜間や祝祭日には行政強制執行をしてはいけないとか、住民に対して水道、電気、ガス等の提供を停止して行政決定の履行を迫るといったことはしてはならないといった定めも置かれ

ている（行政強制法43条）。

　(b)　各方式別の規定　　行政強制執行の類型ごとの定めも行政強制法には置かれている。まず、加重罰款・滞納金に関しては、手続的規律として、予め相手方にその算出の基準を知らせるべきこととされている（行政強制法45条1項）。実体的規律としては、もともとの罰款等の額を超える加重罰款等を課してはならない（行政強制法45条2項）。加重罰款等は、もともとの罰款が納付されない限り日々累積していくので、義務の不履行の期間が長期にわたると巨額になってしまうが、これを避け、あまりに甚大な額になるのを防ぐ趣旨である。

　封鎖・差押をした財物を競売に掛けて納付すべき罰款に充当することができることは、すでに述べた。ただし、相手方が法定期限内に行政再議の申立ておよび行政訴訟の提起をしておらず、かつ、催告されたにも拘わらずなお履行しない場合、という要件を満たす必要がある（行政強制法46条3項）。なお、競売をする場合、競売法（原語は「拍卖法」）の規定に基づかなければならない（行政強制法48条）。

　代履行の実体的要件についてはすでに述べた。手続的には、①事前に、代履行の理由や根拠、費用の概算等を記載した代履行決定書を相手方に送付する、②代履行実施の3日前までに履行の催告をする等の要件が定められている（行政強制法51条）。要した費用は本来の義務者が負担する。なお、行政強制法52条によれば、道路等の公共物に汚染物や妨害物がある等の一定の場合に、本来の義務者が義務を履行できないけれども速やかに義務の履行を確保する必要があるとき、催告等の手続を経ずに行政機関が代履行できることとなっている。これを即時代履行と呼ぶ。

　(3)　最終的履行強制

　行政機関が物理的強制力を行使できるのは、そのような権限を法律上与えられている場合に限られる。競売や違法建築物の除却等は直接強制であり、行政機関のみの力で現実の実施ができるが、加重罰款は観念的に金銭の納付義務を課すのみでそれ自体としては物理的な作用を持たないし、代履行も、妨害を強制的に排除して実施することはできない。このような場合、行政機関は、人民法院に執行の申立てをするより他ない。加重罰款の場合、もともとの罰款だけ

でなく、加重罰款も、人民法院に執行の申立てをすることによって現実の納付が得られる。

第五章　環境争訟

I　民事訴訟

　環境汚染や生態破壊に起因して損害が発生しまたは発生するおそれが存する場合に、誰がどのような民事上の請求をすることができるかについては、民法通則、侵権責任法（原語「侵权责任法」のまま）、環境保護法、個別の環境法規の定めるところによって決まる。民法通則が一般法であるが、侵権責任法には「環境汚染責任」を定める規定があり（第8章）、また、環境保護法64条は、「環境汚染および生態破壊により損害を生じさせた者は、侵権責任法の関連規定により権利侵害責任を負うものとする」としており、侵権責任法が環境汚染に関する特別法である。また、個別の環境法規がさらに特別の規定を設ける、という関係にある。なお、侵権責任法第8章は「環境汚染」による権利侵害にのみ言及しているところ、環境保護法64条は「生態破壊」による損害についても侵権責任法の関連規定によるものとしており、生態破壊による損害についても侵権責任法の規定が適用されることになる。

　以下、環境に関する民事上の責任について略述する。日本では、損害賠償と差止とに分けてそれぞれの要件が説明されるが、中国法の建てつけでは、責任要件がまず問題となり、責任発生が認められる場合に責任の類型が論じられることになっているので、ここでもそのような順序で叙述する。

1　環境責任要件
(1)　無過失責任
(a)　責任要件一般　　民法通則106条によれば、一般的に、民事責任の発生

のためには、①違法な行為（義務違反）、②故意または過失（原語では両者併せて「過錯」）、③損害の発生、④違法な行為と損害の発生との間の因果関係の四つの要件が満たされる必要がある。

　(b)　無過失責任　　このうち故意・過失に関しては、侵権責任法6条1項は「行為者が故意または過失により他人の民事上の権益を侵害したときは、権利侵害責任を負うものとする。」と定めており、不法行為責任についても故意または過失の存在が一般的には前提となるが、侵権責任法65条は「環境汚染により損害を発生させた場合、汚染者は権利侵害責任を負うものとする。」と定め、故意・過失は要件とされていない。すなわち、環境汚染に関しては無過失責任とされているのである。

　ただし、一定の場合には責任を減免される。この責任減免要件としては、①不可抗力、②被害者の行為による損害発生、③第三者の行為による損害発生の三つが挙げられる。

　まず、①については、侵権責任法29条は、不可抗力により損害を生じた場合には責任を負わない旨定める。いくつかの個別の環境法規でも不可抗力の際の免責規定が置かれているが、「完全に不可抗である自然災害による場合で、速やかに合理的な措置をとったにもかかわらず大気汚染損失の発生を回避できなかった場合」（大気汚染防治法63条）などと速やかに合理的な措置をとった場合に限定する文言になっている場合がある。

　次に②については、侵権責任法27条が被害者の故意による場合に免責する旨、同26条が被害者の過失による場合責任を軽減する旨定めているが、個別の法律でも定められている場合がある。例えば、水汚染防治法85条2項は、前段で「水汚染による損害が被害者の故意により発生したときは、汚染排出者は賠償責任を負わない。」と定め、被害者の故意による場合の免責を認め、同条後段では、被害者の重大な過失による場合における賠償責任の軽減を定めている。なお、侵権責任法27条と水汚染防治法85条2項とで責任軽減の要件が異なっているが（前者では過失、後者では重過失）、侵権責任法5条が、「他の法律が権利侵害責任に関して特別規定を別に置いているときは、当該規定による。」と定めていることから、水汚染に関する民事責任に関しては侵権責任法27条ではなく特別法たる水汚染防治法85条2項が適用されるものと解されて

いる1)。

最後③に関しては、侵権責任法68条は、「第三者の故意・過失により環境を汚染し損害を発生させたときは、被権利侵害者は汚染者に賠償を請求することができ、第三者に賠償請求をすることもできる。汚染者が賠償をした場合、第三者に対して求償する権利を有する。」と定め、求償のみ認め汚染者の免責を認めていないが、個別の環境法規において免責規定が置かれている場合がある。例えば、海洋環境保護法90条1項は、後段で「完全に、第三者の故意または過失により海洋環境汚染損害が生じたときは、第三者が危害を排除するとともに賠償責任を負う。」と定めている（なお、大気汚染防治法や水汚染防治法には同様の規定はない）。

(c) 違法性　　一般的には行為が違法であることも責任発生の要件とされるが、環境汚染に関する民事責任の場合には、違法性の要件は不要であるとの見解もあり、明確でない。各種の環境法規上は、行政処罰等を定める条文ではおよそ「本法の規定に反し〜した者は……」という言い回しが用いられる一方、民事責任を規定する条文では、たんに「汚染により危害を生じさせた者」（大気汚染防治法62条1項）とか「汚染により損害を受けた者」（水汚染防治法85条1項）といったように法令違反を前提とするような文言になっておらず、その意味では行為の違法性は要件とされていない。また、前述のとおり、汚染物質排出行為により損害が発生した場合、排出標準に適合していても（その限りでは違法でない）、民事責任は免れないというのが一般的な見解である。

行為の違法性が仮に要件とされないとすると、これに代えて加害行為が要件ということになり、これに損害の発生と因果関係を加えて三つが環境上の民事責任発生の要件ということになる。

(d) 損　害　　損害の発生も責任発生の要件であるが、ここでいう損害には間接損害（得べかりし利益のこと）も含まれる。また、精神的損害も人格権の保護範囲内のものとしてここでいう損害に含まれる。

(2) 証明責任*

中国の環境上の民事責任に関する法令の規定で注目されるのは、証明責任

---

1) 最高人民法院環境資源審判庭編著『中華人民共和国環境保護法条文理解与適用』347頁。

（侵権責任法等中国の法律では「挙証責任」という文言が用いられる）のそれである。すなわち、民事訴訟法によれば訴訟当事者は自己の主張に対して証拠を提出する責任を負うと規定しているところ、侵権責任法 66 条は、環境紛争において汚染者がその行為と損害との間の因果関係の証明責任を負うとしている。つまり因果関係の存在が推定され、被告汚染者の側でそれを覆さなければ、因果関係は存するものとされる。証明責任の転換と称されている。

　もっとも、被害者が何もしなくてよいわけではなく、最高人民法院の見解によれば、被害者は①汚染者が汚染物質を排出したこと、②自己の損害の他、③汚染者が排出した汚染物質またはその二次生成物と損害との間の関連性、以上三点を証明する証拠資料を提出するものとされている（最高人民法院关于审理环境侵权责任纠纷案件适用法律若干问题的解释 6 条）。汚染者としては、①排出した汚染物質が当該損害を生じさせる可能性の存しないこと、②排出した当該損害を生じさせる可能性のある汚染物質が損害発生地に到達していないこと、③当該損害が排出した汚染物質の到達前に発生したこと、④汚染行為と損害の間に因果関係が存しないことを認定できるその他の事情、以上四点のいずれかを証明すれば、人民法院は因果関係の不存在を認定する（上記解釈 7 条）。

　なお、侵権責任法 68 条に基づき、被害者が第三者に対して損害賠償の請求をするときは、証明責任は転換されず、被害者が証明責任を負うことになる。

　また、同法同条は、責任の減免要件に関しても汚染者が証明責任を負うものとしている。こちらは証明責任の「転換」ではないであろう。

　　＊証明責任という用語が、事実の存否が不明の場合に訴訟当事者のどちらの不利に扱うかという意味で用いられているのかどうかについては、検討が必要かもしれないが、これについては別途調査の機会を持ちたい。

2　共同権利侵害

　複数の汚染者の汚染により損害が発生する場合、被害者に対してどのような責任を負うか、また、汚染者間でどのように責任が配分されるか、という問題（日本でいう共同不法行為に相当する）について、中国の法制はどう対処しているだろうか。民法通則 130 条は、「二人以上が共同して権利を侵害し他人に損害を与えた場合には、連帯責任を負うものとする。」と定める。この規定は共

Ⅰ　民事訴訟

同の意思をもってする場合をその規律対象としており、共同の意思のない場合（学説上は「客観的共同権利侵害」と称されることがある）にどうすべきかは不明である（ちなみに、2003年12月最高人民法院关于审理人身损害赔偿案件适用法律若干问题的解释3条が直接共同と間接共同とに分けて対処すべきことを定めていた）。そこで、侵権責任法は、より明確な定めを置くにいたった。すなわち、同法11条は、「二人以上の者が各別に権利侵害行為をして同一の損害を発生させた場合、各人の権利侵害行為がそれぞれ損害の全部を生じさせるのに十分なときは、各人が連帯責任を負うものとする。」とし、さらに、同法12条は、複数主体による同一損害発生において、責任の大小を確定できるときにつき、その大小に応じた責任を負うものとし、大小の確定ができないときは平均した責任を負うものとしている。以上のように、客観的共同権利侵害について、連帯責任を負う場合、責任の大小に応じた責任を負う場合、平均した責任を負う場合が、侵権責任法により定められている。

　連帯責任の場合には、被侵害者は連帯責任者の誰に対しても責任を追及することができる（侵権責任法13条）。連帯責任者間においては、各人の責任の大きさに応じて賠償額を確定し、それが確定できないときは平均した責任を負い、各自の責任額を超えた賠償をなした連帯責任者は他の連帯責任者に対して求償することができる（侵権責任法14条）。環境汚染に関する各汚染者の責任の大小については、同法67条によれば、汚染物質の種類、排出量等の要素により確定するものとされている。なお、同法10条によれば、複数の行為者の行為のうちどの行為により権利侵害がされたか確定できないときは各々の行為者が連帯責任を負うものとされている。

3　責任履行の類型

　権利侵害にかかる民事上の責任の履行の仕方としては、侵権責任法15条によると、①侵害停止、②妨害排除、③危険除去、④財産返還、⑤原状回復、⑥損害賠償、⑦謝罪、⑧影響除去・名誉回復がある。このうち、環境上の民事責任に関しては、④の財産返還や⑧の名誉回復などは実際上問題とならない。①は現に行われている環境汚染等の行為を停止すること、②は環境汚染等の行為により権利が行使できなくなっている妨害状態を除去すること、③はすでに生

じている危険（損害発生のおそれ）を消去することをそれぞれいい、この三つを併せて危害排除と呼び、損害の未然防止的機能を持つ。⑤⑥⑦は損害が発生してしまった後の事後的な責任履行形態である。

　なお、責任発生要件として、一般的には故意・過失が必要であるとされていることから、差止に該当する行為、例えば①侵害停止についても故意・過失がない限り侵害行為を停止しなくてよいということになるのかどうか疑問であるが、環境汚染にかかる民事責任については無過失責任であるので、特に問題とはならないと思われる。

4　争訟手段

　民事上の責任を追及する手段は、通常は民事訴訟であるが、環境紛争に関しては、独特の制度がある。すなわち、旧環境保護法41条2項は、「賠償責任または賠償額に関する紛争は、当事者の申し出に基づき、環境保護行政主管部門または法律の規定に基づき環境監督管理権限を行使するその他の部門により処理することができる。」と定めていた。もちろんのことながら、直接人民法院に訴訟を提起することができるし、当該行政部門による処理に不服の場合にも人民法院に訴えを起こすことができるとも定めていた。この、環境保護行政主管部門等による「処理」とは何か、直ちに明らかではないが、判決のような裁定ではなく、当事者を拘束しない調停のようなものであると解されていたようである（したがって、「処理」に不服がある場合に人民法院に訴訟を提起する場合、行政部門を被告として行政訴訟を提起するのではなく、当事者間での民事訴訟を提起するものと解されていた）。2014年改正の環境保護法では旧法41条2項に相当する規定が存しないが、行政部門による「処理」がなくなったわけではなく、大気汚染防治法62条2項や水汚染防治法86条等に同様の規定がされている（ただし、2015年改正の大気汚染防治法にはそのような規定が見当たらない）。

II　行政再議

1　行政再議の意義

　行政再議（原語は「行政復议」）とは、具体的行政行為に不服のある者からの

II 行政再議

申立てにより、申立てを受けた行政機関が、当該具体的行政行為の妥当性を改めて検討し直すことにより、申立人の権利利益を救済し、併せて、行政機関の行為の適切・妥当性を保障し監督する制度である。日本の行政不服審査に相当すると言えよう。これを規律する法令には、行政再議法（行政复议法。1999年施行）、行政再議法実施条例の他、環境行政関連のものとして、環境行政再議弁法（环境行政复议办法、2008年11月制定・施行）がある。

再議をするのは行政機関であることから、適法性審査だけでなく、不当でないか否かも審査される。

2　行政再議申立ての適用要件
(1)　具体的行政行為

行政再議法2条は、「公民、法人またはその他の組織は、具体的行政行為がその合法権益を侵犯すると認めて（认为）行政機関に行政再議の申請をし、行政機関が再議申請を受理して行政再議決定をするに当たっては、本法を適用する。」と定めている。これによれば、行政再議の申立てができるのは、具体的行政行為についてである。作為だけでなく、行政再議法6条の定める具体的行政行為の類型（後述）の⑧⑨のように不作為も含まれる。

具体的行政行為という概念は、1989年制定の行政訴訟法で初めて用いられ、以降、その意義をめぐって激しく議論がされてきたところである。学界における議論はともかくとして、公定解釈を見ると、最高人民法院は、その司法解釈（1990年关于贯彻执行行政诉讼法若干问题的意见（试行））において、「国家行政機関ないし行政機関の職員または法律法規が授権した組織若しくは行政機関が委託した組織ないし個人が、行政管理活動に当たり職権を行使し、特定の公民、法人またはその他の組織に対し、特定の具体的な事項に関してなした、当該公民、法人またはその他の組織の権利義務に関する一方的な行為」と定義している。これによれば、具体的行政行為とは、①行政権の行使であること、②特定の者、特定の事項についてのみ規律するものであること、③直接にその権利義務に変動をもたらすものであること、④一方的な行為であること（相手方の同意を要しないこと）、という要素を備えた行為である（以上は、全人代のホームページに掲載されている解説による）。

もっとも、行政再議法は、行政再議の対象となる行為についてもっと細かい規定を置いている。同法6条は、行政再議の申立ての対象となる行政の行為として、行政機関による①行政処罰決定、②行政強制措置、③許認可証等の変更、停止、取消、④自然資源の所有権ないし使用権の確認に関する決定、⑤経営自主権に対する侵害、⑥農業請負（承包）契約の変更または廃止、⑦違法な集金、財物徴用、費用割当て等、⑧許認可等の申請に対する応答行為の不作為、⑨人身、教育を受ける権利等の保護の法定の職務の履行の申請に対する不履行、⑩社会保険金、生活保護費等の給付申請の拒否等、⑪その他具体的行政行為、以上の11を挙げている。環境行政復議弁法では、環境保護行政主管部門による①行政強制措置、②行政処罰、③許可証等の申請に対する応答行為の不作為、④許認可証等の変更、停止、取消等、⑤違法な排汚費徴収等、⑥その他の具体的行政行為、という六つが列挙されており（7条）、法の列挙するうち④⑤⑥⑨⑩に相当するものが欠けている。期限内治理や改善命令等、弁法7条の①～⑤のいずれにも該当しないものは、⑥で捕捉されるものと考えられる。

　具体的行政行為の対概念が抽象的行政行為である。これについてもさまざまな見解が議論を戦わせたところであるが、公定解釈（前記全人代ホームページ掲載の解説）によれば、抽象的行政行為とは、特定の者、事物に対してなされるのではない、一般的な（原語は「普遍」）効力（原語は「約束力」。拘束力の意）を有する行政行為を言うとされる。この定義は、次のように敷衍される。すなわち、抽象的行政行為は、①特定の者、事ではなく、ある類型の者や事の全体に対するものであること、②間接的な法的効果を持つもので、誰かに直接の法的効果を生じさせるものではないこと、という点に具体的行政行為と比べた場合の特徴がある。さらに、③その公布以後、廃止されるまで全時的に効力を持つという特質も指摘されている。これは、反復的に何度でも適用される、という意味である。抽象的行政行為は、日本でいうところの行政立法等に相当し、国務院の定める行政法規や国務院各部や省級地方人大が定める規章等がこれに含まれる。

　抽象的行政行為は行政再議の申立ての対象にならない。行政復議法7条1項は、①国務院各部の規定、②県級以上地方各級人民政府およびその工作部門の規定、③郷、鎮人民政府の規定について、具体的行政行為の再議申立てをする

際に、併せて当該規定の審査の申立てを行政再議機関に提出することができる旨を定めており、これを以て抽象的行政行為に行政再議の対象が拡大された、という言い方がされることがあるが、あくまで具体的行政行為に対する再議申立てと併せてであって、単独で審査を申し立てることはできない。なお、同条2項によれば、規章に対しては審査の申立てはできず、「規章以下」の抽象的行政行為が対象となる、などと言われる（「以下」は「未満」の意味である）。

(2) 合法権益の侵害

前述した行政復議法2条によれば、具体的行政行為により自己の（合法的）権利利益が侵害されたと認める者が行政再議の申立てをすることができる。ここでいう「権利利益が侵害」されるとはどういう意味なのか、行政再議法6条の規定を見る限り、具体的行政行為の直接の相手方が念頭に置かれているようであるが、直接の名宛人以外の者も行政再議の申立てができるのかどうか、よく分からない。行政復議法施行条例28条2号では、申立人が当該具体的行政行為と利害関係があることを、行政復議申立て受理の要件とされており、「利害関係」の意味の捉え方によっては第三者にも申立て権が認められそうでもある。環境問題の場合には、環境汚染により自己の利益を害される者からの行政決定に対する不服が当然ありうるため、この点は重要である（工場の営業許可等に対して周辺住民がその再議の申請をすることができるか否か等）。しかし、先に見た環境行政再議弁法7条の列挙する事項を見ると、やはり直接の名宛人が再議申立人として念頭に置かれているようにも見える（この点についても、今後調査の機会を設けたい）。

(3) 申立期間

行政再議の申立てをするができるのは、不可抗力等の正当な事由の存する場合を除き、原則として、具体的行政行為を知った日から60日以内である（行政再議法9条）。

(4) 再議機関

行政再議の申立てはどの行政機関にすべきか。複雑な場合を捨象して原則的なことを言うと、具体的行政行為をした行政機関の一級上の行政機関である。中国においては、行政機関は、その属する政府内における上下関係と、その担当する事務を共通にする行政機関どうしの上下関係に置かれる。例えば、県の

第五章　環境争訟

環境保護行政主管部門は、県の人民政府の監督を受けるとともに、省（市の場合もある）の環境保護行政主管部門とも上下関係にある。県の環境保護行政主管部門の具体的行政行為に不服のある者は、県人民政府に再議の申立てをすることもできるし、省（場合により市）の環境保護行政主管部門に申立てをすることもできるのである（行政再議法12条）。県人民政府の具体的行政行為に不服のある場合は、省（あるいは市）の人民政府に再議の申立てをすることになる（同法13条）。ただし、省級人民政府の具体的行政行為および国務院各部の具体的行政行為に不服のある場合は、先の原則からすると国務院に再議の申立てをすることになるはずであるが、当該具体的行政行為をした省級人民政府ないし国務院各部に対して再議の申立てをすることとされている（同法14条）。

(5)　行政訴訟との択一制

行政再議の申請が受理された場合、行政訴訟を提起することができず、逆に、行政訴訟が受理された場合、行政再議の申立てをすることができない（行政再議法16条）。なお、行政再議前置主義が個別の法律でとられている場合には、期限内に行政再議の申立てをしなければ、行政訴訟も提起できない。

3　再議決定

再議の結果なされる決定には以下の種類がある（行政再議法28条）。

(1)　維持決定

再議の対象となっている具体的行政行為を維持する決定が維持決定で、日本の行政不服審査法の棄却裁決に相当する。維持決定がなされるための要件は、①事実が明確であること、②証拠が確かである（確鑿）こと、③適用された根拠となる法令が正確であること、④手続が適法になされたこと、⑤具体的行政行為の内容が適切であること、以上の五つである。

(2)　履行決定

被申立人である行政機関が、その法定の職責を履行していない場合に、一定の期限内での履行を決定することが、履行決定である。2(1)で見た、行政再議法6条の定める⑧⑨の場合においてなされる決定である。

(3)　変更決定

問題となっている具体的行政行為の内容を変更する決定が変更決定で、実質

的には、再議機関が新たな具体的行政行為をなすのと同じであると認識されている。したがって、変更決定をなすには、新たに具体的行政行為をなすのに必要な条件が整っている必要がある。すなわち、事実が明確になっていること、証拠が確実であること、である。もちろん、正しく法令を適用してなされなければならない。原具体的行政行為が手続規定に反している場合は、手続をやり直す必要があるため、変更決定はされない。

(4) 取消決定

取消決定は、再議対象たる具体的行政行為を取り消す、すなわち、その効力を否定する決定である。全部取消しと部分取消しがある。取消決定がされる場合、再議機関は、原決定行政機関に対し改めて具体的行政行為をし直すことを命ずることができる。取消決定がされるのは、①事実が不確定あるいは証拠が不足しているとき、②適用根拠が誤っているとき、③法定手続に違反しているとき、④職権の範囲を超えまたはその濫用があったとき、⑤具体的行政行為が明らかに不当であるとき、以上五つのうちの一つに該当する事情が存する場合である。

(5) 違法確認決定

違法確認決定とは、再議対象たる具体的行政行為が違法であることの確認をし、それを宣言する決定である。具体的行政行為の不作為が問題となっている場合、取り消すべき行為がないため、当該不作為が違法であるとの宣告をするという決定が必要であるとして設けられた決定類型である。違法確認決定の場合、再議機関は、一定期限内に具体的行政行為をなすことを命ずることができる。なお、取消ができないために違法確認決定が必要となる場合として、事実行為が挙げられることがある[2]が、具体的行政行為が事実行為であることがあるのかどうか不明確であり(行政強制措置は事実行為として理解されるかもしれない)、調査を要する。

4 執行不停止原則

行政再議法21条は、具体的行政行為が行政再議に付されても執行は原則と

---

[2] 応松年／劉莘主編『中華人民共和国行政復議法講和』(1999年、中国方正出版社) 159頁。

して停止されないことを定めている。ただし、①被申請人が執行を停止する必要があると認識しているとき、②行政再議機関が執行の停止を要すると認めるとき、③申立人が執行停止を申請し、行政再議機関がその要求が合理的であると認めて執行停止を決定したとき、④法律が執行の停止を定めているとき、のどれかに該当する場合には、執行を停止できる。執行停止を要すると認められるときとか、執行停止申請が合理的であると認められるときとかというのは、執行を停止しても公共の利益を害さず、執行を停止しないと償えないような損害や極めて重大な損害が発生したりする場合と解されているようである。

Ⅲ　行政訴訟

1　行政訴訟の意義

　行政訴訟とは、行政機関等の行政行為（作為・不作為を含む）により自己の権利利益が侵害されたと思料する者（自然人の他、法人等の団体を含む）が、当該行政行為に不服がある場合に、当該行政行為の取消等を求めて人民法院に提起する訴えで、もって公民等の権利利益の保護を図り、副次的に行政機関による職権行使の適法性に関する監督作用を図ろうとするものである。

　行政訴訟に関する法律としては、行政訴訟法（1990年施行、2014年改正）がある。最高人民法院による司法解釈としては、1991年の最高人民法院《关于贯彻执行〈中华人民共和国行政诉讼法〉若干问题的意见（试行）》があったが、最高人民法院关于执行《中华人民共和国行政诉讼法》若干问题的解释（1999年施行）がその後制定されるとともに廃止され、また、2014年の改正法の実施のため、最高人民法院关于适用《中华人民共和国行政诉讼法》若干问题的解释（2015年5月1日施行）が制定されている。1999年の司法解釈を「執行解釈」、2015年の司法解釈を「適用解釈」と以下では呼ぶこととする。

2　行政訴訟の要件
(1)　行政行為

　1989年制定の行政訴訟法が具体的行政行為という概念を初めて用いたこと、行政再議法が具体的行政行為概念を引き継いだことについてはすでに述べたと

ころである（Ⅱ2⑴）。これに対し 2014 年行政訴訟法はその 2 条で「公民、法人またはその他の組織は行政機関または行政機関職員の行政行為が自己の合法的権利利益を侵害したと思料する（认为）ときは、本法に基づき人民法院に訴訟を提起する権利を有する。」と定め、具体的行政行為という概念に代えて行政行為という概念を用いている。もっとも、「執行解釈」がすでに、「行政行為に不服のある者」との文言を用い（1 条 1 項）具体的行政行為という用語を — 2014 年改正前の行政訴訟法の下で — 放棄していた。では、執行解釈が一般的に抽象的行政行為をも行政訴訟の対象として認めていたのかというと決してそうではなく、(2014 年改正前の) 行政訴訟法 12 条に定めるものを行政訴訟の対象から外しており（1 条 2 項 1 号）、その 12 条の定めるものの中に「行政法規、規章その他行政機関が制定、発布する一般的拘束力を有する決定、命令」（2 号）、すなわち抽象的行政行為が含まれていたのであって、結局行政訴訟の対象となるのは具体的行政行為でしかありえなかった。この点は 2014 年行政訴訟法でも同様であり、その 13 条は、改正前行政訴訟法 12 条 2 号と同じ文言を用いて、抽象的行政行為を行政訴訟の対象から除外している（2 号）。したがって、具体的行政行為がたんに行政行為という文言に変わったからといって直ちに行政訴訟の対象となる行政の行為が拡大したとは言えない。

　実質的に意義があるのは、具体的行政行為に代えて行政行為という文言が使用されたということよりも、2014 年行政訴訟法 12 条が行政訴訟の対象となる行政機関の行為を列挙しており、同様に行政訴訟の対象となる行為を列挙していた改正前の行政訴訟法 11 条よりも範囲が拡大しているという点であろう。すなわち、改正前行政訴訟法 11 条は、①行政処罰、②行政強制措置、③経営自主権侵害、④許認可等の申請に対する拒否または不応答、⑤人身権等の保護の申請に対する拒否または不応答、⑥弔慰金等の給付の不履行、⑦違法な義務履行要求、⑧その他人身権、財産権等の侵害、以上の 8 つを行政訴訟の対象となる行為として挙げていたが、2014 年行政訴訟法は、①行政処罰、②行政強制措置および行政強制執行、③許認可等の申請に対する拒否または期限内に応答しないこと、および、発出された許可の内容（に不服のある場合）、④自然資源の所有権または使用権に関する決定、⑤収用またはその補償額の決定、⑥人身権等の保護の申請に対する拒否または不応答、⑦経営自主権、請負（承包）

契約経営権等に対する侵害、⑧行政権の濫用等による競争の排除ないし制限、⑨違法な費用徴収、割当てその他違法な義務履行要求、⑩弔慰金等の不支給、⑪政府特許契約の不履行、約定違反、変更、解除等、⑫その他人身権、財産権等の侵害、としており、行政再議法との平仄を合わせる等、改正前よりも列記事項の数としては対象行為を拡大している。環境行政との関係でこの点の改正がどのような意味を有するのかについては、なお検討を要する。

なお、抽象的行政行為が訴訟対象から外されていることについてはすでに述べたが、その他にも、国防、外交等の国家行為（これは日本の統治行為に類する）をはじめとしたいくつかの類型の行為について、人民法院は受理しないこととされている（行政訴訟法13条）。抽象的行政行為については、一切人民法院の審査を受けないわけではなく、規章よりも下位に位置する規範については、原告は、行政行為に対する訴訟と併せてその違法性について審査を請求することができる（行政訴訟法53条）。

(2) 原告適格

行政訴訟を提起できる者について、改正前の行政訴訟法では、2条が「その権利利益を侵害すると思料するとき」と定める以外に何らの規定も置いていなかったが、2014年行政訴訟法では、「行政行為の相手方（原語では「相対人」）および当該行政行為と利害関係を有する公民、法人その他の組織」と定め（行政訴訟法25条）、行政行為の相手方以外にも原告適格を有する者が存しうることが示されている。実はこの点についても「執行解釈」がすでに、「当該具体的行政行為と法律上の利害関係を有する公民、法人その他の組織」としていたところである（執行解釈12条）。そして、より具体的に、①当該行政行為が相隣権または公平競争権に影響する者、②訴訟対象となっている行政再議決定と法律上の利害関係を有する者または再議手続に参加した第三者、③行政機関に対し加害者への法律責任の追及を要求する者、④具体的行政行為の取消または変更と法律上の利害関係を有する者、という四つの類型を原告適格を有する者として列記していた（執行解釈13条）。このように、「執行解釈」が行政行為の名宛人以外の者の原告適格を明文で規定したのは、従来、原告適格を有する者を行政行為の直接の相手方に限定する判決が少なからず存し、このような実務の在り方を是正するためであった。

Ⅲ　行政訴訟

　さて、工場の設置や排出許可の申請に対し不許可がされた場合や環境への負の影響のゆえに行政処罰や行政強制がなされた場合に、当該不許可等の相手方がこれに不服があれば行政訴訟を提起できることは、以上の規定に照らして明らかである。では、許可がされた場合や行政処罰等がなされない（なされたとしても不十分である）場合に、それに不服を持つ者が行政訴訟を提起できるであろうか。「執行解釈」に関しては、原告適格を有する者は広いとの見解[3]があり、これによると、前記③のように、環境汚染にかかる加害者の法律責任を追及する権限が行政機関に与えられている場合に、その権限の不行使ないし不十分な行使に対し不服がある被害者は、原告適格を有するものとされている。行政機関の権限にかかる法律責任には、行政処罰、行政強制の他、改善命令も法律の規定如何によってはありうるので、これらの不作為等に不服のある公害被害者が原告適格を有することは間違いないであろう。本来許認可すべきでないのに許認可がされたと思料する者が許認可に対して訴訟を提起することができるかどうかについてはどうか。許可の取消は行政処罰なので取消をしないことに不服ありとして行政訴訟を提起することは（法律が取消権限を行政機関に認めている限りでは）できると思われるが、許可をすること自体に対する不服は「執行解釈」13条の①〜④いずれにも属さないようでもあり、原告適格が認められるのかどうか不明である。この点は、2014年行政訴訟法でも明確に規定されておらず、また、「適用解釈」にも特に規定されていない。

(3)　その他

　どの人民法院に出訴するのかに関しては、基本的には、行政行為がなされた場所の人民法院である（行政訴訟法18条）が、人身の自由に関する行政強制措置の場合には被告行政機関の所在地または原告の所在地のどちらでもよいとか、不動産に関する行政行為の場合は当該不動産の所在地の人民法院といった、特別の規定もある。当該地域のどの階層の人民法院に訴えを提起するのかというと、基本的には基層人民法院である（行政訴訟法14条）。ただし、重大・複雑事件等の場合には、中級人民法院が第一審裁判所となり（行政訴訟法15条）、高級人民法院あるいは最高人民法院が第一審裁判所となる場合もある（行政訴

---

[3]　江必新『中国行政訴訟制度之発展』(2001年、金城出版社) 189頁。

訟法16条、17条)。

　出訴期間は、当該行政行為のあったことを知りまたは知りうべき日から6カ月以内で（行政訴訟法46条1項）、2014年改正前の3カ月から延長されている。

　なお、中国では、日本の裁判運営からは想定不可能であるが、適法に訴えを提起しても、何らかの理由で人民法院が当該裁判をしたくないと考えた場合に、そもそも訴えを受理しないということがある。これでは、いくら行政行為の意義だとか原告適格の有無だとかを論じてもまったく無意味である。2014年の改正で、行政訴訟法は、「人民法院は公民、法人その他の組織の訴えの権利を保障し、受理すべき行政事件を法に基づき受理するものとする。」とし（行政訴訟法3条1項）、「行政機関およびその職員は、人民法院が行政事件を受理することに対して干渉、妨害してはならない。」（行政訴訟法3条2項）と定めるにいたった。また、不当に受理しない等の場合に原告が上級の人民法院に苦情を申し立て、上級人民法院は改善を命じ、責任者を処分するものとするといった規定（行政訴訟法51条4項）が置かれた。これらの規定がどの程度実効性を持つのか、今後注視する必要がある。

3　審理——証拠について

　証拠調べや証明責任に関し、中国の行政訴訟法はユニークな仕組みを定めている。まず行政訴訟法34条1項は、行政行為をした被告が挙証責任を負うことを定め、更に、当該行政行為の証拠および根拠となる規範を提出するものとしている。そして同条2項は、被告が証拠を提出せずまたは正当な理由なく時期に遅れて提出した場合、相応の証拠はないものと見なされる旨定めている。また更に、同法36条1項は、被告が行政行為時にすでに証拠を収集していたけれども不可抗力等正当な事由により提出できない場合には、人民法院の許可を得て提出を延期することができる旨定め、同条2項は、原告または第三者が、行政処理過程において提出していなかった理由または証拠を提出した場合には、人民法院の許可を得て被告は証拠の補充をすることができる旨定めている。

　これらの規定が意味することは、まず第一に、行政行為の適法性を支える事由については行政機関の側に証明責任があるということである。ただし、許認可の申請や人身権等の保護の申請に対する拒否や不応答に対する訴訟のような

場合、申請をしたことの証明責任は原告側が負う（行政訴訟法38条）。
　第二に、行政行為をする際に行政機関は証拠を収集しておかなければならず、行政行為後に取得した証拠を当該行政行為の適法性を証明する手段としてもちいることは基本的に許されない、ということである。人民法院の証拠調べ権限を定める行政訴訟法40条も、但書きで、「行政行為の適法性を証明するために、行政行為時に収集されていなかった証拠について証拠調べをすることはできない。」と定めており、行政行為時に収集されていなかった証拠を被告行政機関に有利に扱うことは裁判所の職権証拠調べにあっても許されないわけで、第一の点と併せると、行政機関に相当厳しい規律内容となっている。
　ただ、第一、第二のいずれの点も、基本的にはすでに「執行解釈」において同様の規定がされていたところである。

4　判　決
　行政訴訟の判決には以下のような種類がある。
　(1)　棄却判決
　原告の訴えを棄却する判決で、証拠が確かで、適用された法律法規が正しく、法定手続に適合するとき、または、被告に対する法定の職責の履行若しくは給付の請求に理由がないときになされる（行政訴訟法69条）。2014年改正前は維持判決と呼ばれていた。
　(2)　取消判決
　行政行為を取り消す判決であるが、①主要な証拠が不足しているとき、②適用された法律法規が誤っているとき、③法定手続に違反しているとき、④権限を超えているとき、⑤権限を濫用したとき、⑥明らかに不当であるときになされる（70条）。取消判決をする際は、同時に、改めて行政行為をなすべき旨の判決をすることができる。
　(3)　履行判決
　一定期間内に法定の職責を履行すべきことを命ずる判決で、職務を履行していないことが審理の結果明確になった場合になされる（行政訴訟法72条）。
　(4)　給付判決
　被告行政機関が給付義務を負っていることが明確になった場合になされる判

決で、給付義務の履行を命ずるものである（行政訴訟法73条）。

(5) 違法確認判決

行政行為が違法であることを確認する判決である。取消はしない。①行政行為を取り消すべきであるが、取り消した場合国家の利益や社会公共の利益に重大な損害を生じさせる場合、行政手続の違法が軽微な場合で、原告の権利に実際の影響がないとき、といった場合等になされる（行政訴訟法74条）。

(6) 無効確認判決

行政行為をした主体が行政主体としての資格を有しない等の重大明白な違法がある場合になされる判決で、当該行政行為が無効であることを確認するものである（行政訴訟法75条）。

(7) 変更判決

行政処罰が明らかに不当であるとか金銭の額を確定する行政行為で確実に誤りがあるといった場合に、行政行為の内容を変更する判決である（行政訴訟法77条1項）。ただし、不利益変更はできない（行政訴訟法77条2項）。

5　執行不停止原則

行政訴訟の場合にも、行政再議と同じく執行不停止が原則である。行政訴訟法56条は執行停止の決定をする場合をいくつか挙げているが、行政再議法とほぼ同様である。

6　判決の実効性確保

行政訴訟法96条を見ておこう。確定した判決については、当然それに従うべき義務が当事者にはあるが、同条は、行政機関が判決に従わない場合に対処するための条文である。同条は、「行政機関が判決……の履行を拒否するときは、第一審人民法院は下記の措置をとることができる。」とし、とることができる措置として、「①返還すべき罰款、給付すべき金額については、銀行に通知して当該行政機関の口座から振り替える、②期限内に履行しないときは、履行期限日から、当該行政機関の責任者に対し一日当たり50元から100元の罰款を科す、③行政機関が履行を拒否している状況を公告する、④監察機関または当該行政機関の一級上の行政機関に司法建議を提出する（提出を受けた機関

は関連規定に基づいて処理をし、その状況を人民法院に通知する)、⑤判決……の履行を拒否し、その社会的影響が極めて悪質である(原語は「悪劣」)場合には、当該行政機関の直接責任を有する職員……を拘留に処し、情状が重大な場合で犯罪を構成するときは、刑事責任を追及する。」と定めている。日本的な感覚では想像困難であるが、中国では、裁判所の判決に従うべしという観念を行政機関が持ち合わせていないことがままあるようであり、このような規定が置かれるにいたったものである。

IV 環境公益訴訟

1 環境公益訴訟の意義

環境保護法 58 条は環境公益訴訟の制度を明文で定めているが、それによると、一定の要件を満たす社会団体等は、環境汚染、生態破壊により社会公共の利益に損害を与える行為に対し、訴訟を提起できることとされている。公益訴訟には行政訴訟と民事訴訟とがありうるところ、同条はどちらとも限定していないが、同条にいう公益訴訟は民事訴訟を指すと解されている。

2 環境公益訴訟の要件

(1) 対象行為

環境公益訴訟の対象となる行為は、①環境汚染または②生態破壊により、社会公共の利益に損害を与える行為である。すでに民訴法 55 条にも環境公益民事訴訟について定めが置かれていたが、そこでは環境汚染にのみ言及されていたところ、環境保護法 58 条は、これに生態破壊という行為を加えている。

なお、すでに社会公共の利益に損害を与えている行為だけでなく、損害を与える重大なリスクのある行為も環境公益訴訟の対象となる(2015 年 1 月最高人民法院关于审理环境民事公益诉讼案件适用法律若干问题的解释(以下たんに「公益訴訟解釈」という)1 条)。

(2) 団体要件

環境公益訴訟を提起できる社会団体は、環境保護法 58 条によれば以下の要件を揃えているものである。すなわち、①区を設置する市レベル以上の人民政

府民政部門に登録をし、②専ら環境公益保護活動に5年以上続けて従事しており、かつ、違法の記録がされていないもの、の二要件である。

①の区を設置する市レベル以上とは、中央政府、省レベルはもちろんのこと、区を設置する市や自治州（特殊なケースであるが、盟というのもある）の他、区を設置していないけれども地級市を言い、さらに、直轄市の区も含まれる（公益訴訟解釈3条）。

②の環境公益保護活動に従事とは、当該団体の規約上その存立目的および主要な事務が社会公共の利益を保護することでありかつ環境公益保護活動であることをいう（公益訴訟解釈4条1項）。規約上そうなっているというだけではなく、実際に環境公益保護活動をしていなければならないのはもちろんである（したがって、訴訟提起に当たっては、過去5年間の工作報告書等を提出しなければならない。公益訴訟解釈8条3号）。違法の記録がされていないとは、刑事処罰がされていないことのみならず、行政処罰を受けていないことも含む（公益訴訟解釈5条）。

①②の要件を満たしていればどのような案件についても環境公益訴訟を提起できるわけではなく、その訴えるところの公共の利益が当該団体の規約上の存立目的や事務の範囲との関連性を有していなければならない（公益訴訟解釈4条2項）。例えば、野生動物の保護を活動目的とする団体が、公害被害者のために訴訟を提起することはできない（事項的関連性）。当該団体が活動する地域の外の地域における環境問題について環境公益訴訟を提起できるかどうか（地域的関連性の要否）は不明確である。

なお、社会団体等とは、社会団体、NGO、基金会を指す（公益訴訟解釈2条）（それぞれ、社会団体登記管理条例、民弁非企業単位登記管理暫行条例、基金会管理条例による）。

（3）管轄裁判所

環境公益訴訟の第一審裁判所は、基本的に、環境汚染ないし生態破壊発生地、損害発生地、または、被告所在地の中級以上人民法院である（公益訴訟解釈6条1項）。

3 環境公益訴訟の請求内容

　上記のような要件を満たす社会団体等は環境公益訴訟を提起することができるのであるが、具体的にはどのような請求をすることができるのであろうか。公益訴訟解釈 18 条は、侵害行為の停止、妨害排除、危険除去、原状回復、損害賠償、謝罪を挙げている。これらはいずれも侵権責任法の定める責任類型である。このうち、損害賠償については、原告たる団体自体には損害は生じていないので、なぜこれが認められるのか当然に疑問が湧くが、最高人民法院の見解（最高人民法院关于全面加强环境资源审判工作为推进生态文明建设提供有力司法保障的意见（2014 年 6 月 23 日））によれば、環境公益訴訟専用の基金を設置するなどして、環境公益訴訟により獲得した賠償金を専ら環境回復、生態修復、環境上の公益の維持に使用することが想定されているようである。

〈資　料〉

1 宪 法

第九条 矿藏、水流、森林、山岭、草原、荒地、滩涂等自然资源，都属于国家所有，即全民所有；由法律规定属于集体所有的森林和山岭、草原、荒地、滩涂除外。

国家保障自然资源的合理利用，保护珍贵的动物和植物。禁止任何组织或者个人用任何手段侵占或者破坏自然资源。

第二十六条 国家保护和改善生活环境和生态环境，防治污染和其他公害。

国家组织和鼓励植树造林，保护林木。

第三十条 中华人民共和国的行政区域划分如下：
（一） 全国分为省、自治区、直辖市；
（二） 省、自治区分为自治州、县、自治县、市；
（三） 县、自治县分为乡、民族乡、镇。

直辖市和较大的市分为区、县。自治州分为县、自治县、市。

自治区、自治州、自治县都是民族自治地方。

第五十七条 中华人民共和国全国人民代表大会是最高国家权力机关。它的常设机关是全国人民代表大会常务委员会。

第五十八条 全国人民代表大会和全国人民代表大会常务委员会行使国家立法权。

第六十二条 全国人民代表大会行使下列职权：
（一） 修改宪法；
（三） 制定和修改刑事、民事、国家机构的和其他的基本法律；
（四） 选举中华人民共和国主席、副主席；
（五） 根据中华人民共和国主席的提名，决定国务院总理的人选；根据国务院总理的提名，决定国务院副总理、国务委员、各部部长、各委员会主任、审计长、秘书长的人选；
（七） 选举最高人民法院院长；
（八） 选举最高人民检察院检察长；

第六十七条 全国人民代表大会常务委员会行使下列职权：
（一） 解释宪法，监督宪法的实施；
（二） 制定和修改除应当由全国人民代表大会制定的法律以外的其他法律；
（三） 在全国人民代表大会闭会期间，对全国人民代表大会制定的法律进行部分补充和修改，但是不得同该法律的基本原则相抵触；
（四） 解释法律；
（七） 撤销国务院制定的同宪法、法律相抵触的行政法规、决定和命令；
（八） 撤销省、自治区、直辖市国家权力机关制定的同宪法、法律和行政法规相抵触的地方性法规和决议；

第七十九条 中华人民共和国主席、副主席由全国人民代表大会选举

第八十条 中华人民共和国主席根据全国人民代表大会的决定和全国人民代表大会常务委员会的决定，公布法律，任免国务院总理、副总理、国务委员、各部部长、各委员

〈资　料〉

会主任、审计长、秘书长，授予国家的勋章和荣誉称号，发布特赦令，宣布进入紧急状态，宣布战争状态，发布动员令

第八十五条　中华人民共和国国务院，即中央人民政府，是最高国家权力机关的执行机关，是最高国家行政机关。

第八十九条　国务院行使下列职权：

（一）根据宪法和法律，规定行政措施，制定行政法规，发布决定和命令；

第九十条　国务院各部部长、各委员会主任负责本部门的工作；召集和主持部务会议或者委员会会议、委务会议，讨论决定本部门工作的重大问题。

各部、各委员会根据法律和国务院的行政法规、决定、命令，在本部门的权限内，发布命令、指示和规章

第九十五条　省、直辖市、县、市、市辖区、乡、民族乡、镇设立人民代表大会和人民政府。

地方各级人民代表大会和地方各级人民政府的组织由法律规定。

自治区、自治州、自治县设立自治机关。自治机关的组织和工作根据宪法第三章第五节、第六节规定的基本原则由法律规定。

第九十六条　地方各级人民代表大会是地方国家权力机关。

县级以上的地方各级人民代表大会设立常务委员会

第一百零五条　地方各级人民政府是地方各级国家权力机关的执行机关，是地方各级国家行政机关。

地方各级人民政府实行省长、市长、县长、区长、乡长、镇长负责制

第一百零八条　县级以上的地方各级人民政府领导所属各工作部门和下级人民政府的工作，有权改变或者撤销所属各工作部门和下级人民政府的不适当的决定

第一百一十一条　城市和农村按居民居住地区设立的居民委员会或者村民委员会是基层群众性自治组织。居民委员会、村民委员会的主任、副主任和委员由居民选举。居民委员会、村民委员会同基层政权的相互关系由法律规定。

居民委员会、村民委员会设人民调解、治安保卫、公共卫生等委员会，办理本居住地区的公共事务和公益事业，调解民间纠纷，协助维护社会治安，并且向人民政府反映群众的意见、要求和提出建议。

第一百一十二条　民族自治地方的自治机关是自治区、自治州、自治县的人民代表大会和人民政府

第一百二十三条　中华人民共和国人民法院是国家的审判机关。

第一百二十四条　中华人民共和国设立最高人民法院、地方各级人民法院和军事法院等专门人民法院。

第一百二十六条　人民法院依照法律规定独立行使审判权，不受行政机关、社会团体和个人的干涉。

第一百二十七条　最高人民法院是最高审判机关。

最高人民法院监督地方各级人民法院和专门人民法院的审判工作，上级人民法院监督下级人民法院的审判工作。

第一百二十八条　最高人民法院对全国人民代表大会和全国人民代表大会常务委员会负责。地方各级人民法院对产生它的国家权力机关负责。

第一百二十九条　中华人民共和国人民检察院是国家的法律监督机关。

第一百三十条　中华人民共和国设立最高人民检察院、地方各级人民检察院和军事检察院等专门人民检察院。

第一百三十一条　人民检察院依照法律规定独立行使检察权，不受行政机关、社会团体和个人的干涉。

第一百三十二条　最高人民检察院是最高检察机关。

最高人民检察院领导地方各级人民检察院和专门人民检察院的工作，上级人民检察院领导下级人民检察院的工作。

第一百三十三条　最高人民检察院对全国人民代表大会和全国人民代表大会常务委员会负责。地方各级人民检察院对产生它的国家权力机关和上级人民检察院负责

2　法　律

(1) 中华人民共和国环境保护法

第一章　总则

第一条　为保护和改善环境，防治污染和其他公害，保障公众健康，推进生态文明建设，促进经济社会可持续发展，制定本法。

第二条　本法所称环境，是指影响人类生存和发展的各种天然的和经过人工改造的自然因素的总体，包括大气、水、海洋、土地、矿藏、森林、草原、湿地、野生生物、自然遗迹、人文遗迹、自然保护区、风景名胜区、城市和乡村等。

第三条　本法适用于中华人民共和国领域和中华人民共和国管辖的其他海域。

第四条　保护环境是国家的基本国策。

国家采取有利于节约和循环利用资源、保护和改善环境、促进人与自然和谐的经济、技术政策和措施，使经济社会发展与环境保护相协调。

第五条　环境保护坚持保护优先、预防为主、综合治理、公众参与、损害担责的原则。

第六条　一切单位和个人都有保护环境的义务。

地方各级人民政府应当对本行政区域的环境质量负责。

企业事业单位和其他生产经营者应当防止、减少环境污染和生态破坏，对所造成的损害依法承担责任。

公民应当增强环境保护意识，采取低碳、节俭的生活方式，自觉履行环境保护义务。

第七条　国家支持环境保护科学技术研究、开发和应用，鼓励环境保护产业发展，促进环境保护信息化建设，提高环境保护科学技术水平。

第八条　各级人民政府应当加大保护和改善环境、防治污染和其他公害的财政投入，提高财政资金的使用效益。

第九条　各级人民政府应当加强环境保护宣传和普及工作，鼓励基层群众性自治组织、社会组织、环境保护志愿者开展环境保护法律法规和环境保护知识的宣传，营造保护环境的良好风气。

教育行政部门、学校应当将环境保护知识纳入学校教育内容，培养学生的环境保护意识。

新闻媒体应当开展环境保护法律法规和环境保护知识的宣传，对环境违法行为进行舆论监督。

第十条　国务院环境保护主管部门，对全国环境保护工作实施统一监督管理；县级以上地方人民政府环境保护主管部门，对本行政区域环境保护工作实施统一监督管理。

县级以上人民政府有关部门和军队环境保护部门，依照有关法律的规定对资源保护和污染防治等环境保护工作实施监督管理。

第十一条　对保护和改善环境有显著成绩的单位和个人，由人民政府给予奖励。

第十二条　每年6月5日为环境日。

第二章　监督管理

第十三条　县级以上人民政府应当将环境保护工作纳入国民经济和社会发展规划。

国务院环境保护主管部门会同有关部门，根据国民经济和社会发展规划编制国家环境保护规划，报国务院批准并公布实施。

县级以上地方人民政府环境保护主管部门会同有关部门，根据国家环境保护规划的要求，编制本行政区域的环境保护规划，报同级人民政府批准并公布实施。

环境保护规划的内容应当包括生态保护和污染防治的目标、任务、保障措施等，并与主体功能区规划、土地利用总体规划和城乡规划等相衔接。

第十四条　国务院有关部门和省、自治区、直辖市人民政府组织制定经济、技术政策，应当充分考虑对环境的影响，听取有关方面和专家的意见。

第十五条　国务院环境保护主管部门制定国家环境质量标准。

省、自治区、直辖市人民政府对国家环境质量标准中未作规定的项目，可以制定地方环境质量标准；对国家环境质量标准中已作规定的项目，可以制定严于国家环境质量标准的地方环境质量标准。地方环境质量标准应当报国务院环境保护主管部门备案。

国家鼓励开展环境基准研究。

第十六条　国务院环境保护主管部门根据国家环境质量标准和国家经济、技术条件，制定国家污染物排放标准。

省、自治区、直辖市人民政府对国家污染物排放标准中未作规定的项目，可以制定地方污染物排放标准；对国家污染物排放标准中已作规定的项目，可以制定严于国家污染物排放标准的地方污染物排放标准。地方污染物排放标准应当报国务院环境保护主管部门备案。

第十七条　国家建立、健全环境监测制度。国务院环境保护主管部门制定监测规范，会同有关部门组织监测网络，统一规划国家环境质量监测站（点）的设置，建立监测数据共享机制，加强对环境监测的管理。

有关行业、专业等各类环境质量监测站（点）的设置应当符合法律法规规定和监测规范的要求。

监测机构应当使用符合国家标准的监测设备，遵守监测规范。监测机构及其负责人对监测数据的真实性和准确性负责。

第十八条　省级以上人民政府应当组织有关部门或者委托专业机构，对环境状况进行调查、评价，建立环境资源承载能力监测预警机制。

第十九条　编制有关开发利用规划，建设对环境有影响的项目，应当依法进行环境影响评价。

未依法进行环境影响评价的开发利用规划，不得组织实施；未依法进行环境影响评价的建设项目，不得开工建设。

第二十条　国家建立跨行政区域的重点区域、流域环境污染和生态破坏联合防治协调机制，实行统一规划、统一标准、统一监测、统一的防治措施。

前款规定以外的跨行政区域的环境污染和生态破坏的防治，由上级人民政府协调解决，或者由有关地方人民政府协商解决。

第二十一条　国家采取财政、税收、价格、政府采购等方面的政策和措施，鼓励和支持环境保护技术装备、资源综合利用和环境服务等环境保护产业的发展。

第二十二条　企业事业单位和其他生产经营者，在污染物排放符合法定要求的基础上，进一步减少污染物排放的，人民政府应当依法采取财政、税收、价格、政府采购等方面的政策和措施予以鼓励和支持。

第二十三条　企业事业单位和其他生产经营者，为改善环境，依照有关规定转产、搬迁、关闭的，人民政府应当予以支持。

第二十四条　县级以上人民政府环境保护主管部门及其委托的环境监察机构和其他负有环境保护监督管理职责的部门，有权对排放污染物的企业事业单位和其他生产经营者进行现场检查。被检查者应当如实反映情况，提供必要的资料。实施现场检查的部门、机构及其工作人员应当为被检查者保守商业秘密。

第二十五条　企业事业单位和其他生产经营者违反法律法规规定排放污染物，造成或者可能造成严重污染的，县级以上人民政府环境保护主管部门和其他负有环境保护监督管理职责的部门，可以查封、扣押造成污染物排放的设施、设备。

第二十六条　国家实行环境保护目标责任制和考核评价制度。县级以上人民政府应当将环境保护目标完成情况纳入对本级人民政府负有环境保护监督管理职责的部门及其负责人和下级人民政府及其负责人的考核内容，作为对其考核评价的重要依据。考核结果应当向社会公开。

第二十七条　县级以上人民政府应当每年向本级人民代表大会或者人民代表大会常务委员会报告环境状况和环境保护目标完成情况，对发生的重大环境事件应当及时向本级人民代表大会常务委员会报告，依法接受监督。

第三章　保护和改善环境

第二十八条　地方各级人民政府应当根据环境保护目标和治理任务，采取有效措施，改善环境质量。

未达到国家环境质量标准的重点区域、流域的有关地方人民政府，应当制定限期达标规划，并采取措施按期达标。

第二十九条　国家在重点生态功能区、生态环境敏感区和脆弱区等区域划定生态保护红线，实行严格保护。

〈资　　料〉

各级人民政府对具有代表性的各种类型的自然生态系统区域，珍稀、濒危的野生动植物自然分布区域，重要的水源涵养区域，具有重大科学文化价值的地质构造、著名溶洞和化石分布区、冰川、火山、温泉等自然遗迹，以及人文遗迹、古树名木，应当采取措施予以保护，严禁破坏。

第三十条　开发利用自然资源，应当合理开发，保护生物多样性，保障生态安全，依法制定有关生态保护和恢复治理方案并予以实施。

引进外来物种以及研究、开发和利用生物技术，应当采取措施，防止对生物多样性的破坏。

第三十一条　国家建立、健全生态保护补偿制度。

国家加大对生态保护地区的财政转移支付力度。有关地方人民政府应当落实生态保护补偿资金，确保其用于生态保护补偿。

国家指导受益地区和生态保护地区人民政府通过协商或者按照市场规则进行生态保护补偿。

第三十二条　国家加强对大气、水、土壤等的保护，建立和完善相应的调查、监测、评估和修复制度。

第三十三条　各级人民政府应当加强对农业环境的保护，促进农业环境保护新技术的使用，加强对农业污染源的监测预警，统筹有关部门采取措施，防治土壤污染和土地沙化、盐渍化、贫瘠化、石漠化、地面沉降以及防治植被破坏、水土流失、水体富营养化、水源枯竭、种源灭绝等生态失调现象，推广植物病虫害的综合防治。

县级、乡级人民政府应当提高农村环境保护公共服务水平，推动农村环境综合整治。

第三十四条　国务院和沿海地方各级人民政府应当加强对海洋环境的保护。向海洋排放污染物、倾倒废弃物，进行海岸工程和海洋工程建设，应当符合法律法规规定和有关标准，防止和减少对海洋环境的污染损害。

第三十五条　城乡建设应当结合当地自然环境的特点，保护植被、水域和自然景观，加强城市园林、绿地和风景名胜区的建设与管理。

第三十六条　国家鼓励和引导公民、法人和其他组织使用有利于保护环境的产品和再生产品，减少废弃物的产生。

国家机关和使用财政资金的其他组织应当优先采购和使用节能、节水、节材等有利于保护环境的产品、设备和设施。

第三十七条　地方各级人民政府应当采取措施，组织对生活废弃物的分类处置、回收利用。

第三十八条　公民应当遵守环境保护法律法规，配合实施环境保护措施，按照规定对生活废弃物进行分类放置，减少日常生活对环境造成的损害。

第三十九条　国家建立、健全环境与健康监测、调查和风险评估制度；鼓励和组织开展环境质量对公众健康影响的研究，采取措施预防和控制与环境污染有关的疾病。

第四章　防治污染和其他公害

第四十条　国家促进清洁生产和资源循环利用。

国务院有关部门和地方各级人民政府应当采取措施，推广清洁能源的生产和使用。

企业应当优先使用清洁能源，采用资源利用率高、污染物排放量少的工艺、设备以及废弃物综合利用技术和污染物无害化处理技术，减少污染物的产生。

第四十一条　建设项目中防治污染的设施，应当与主体工程同时设计、同时施工、同时投产使用。防治污染的设施应当符合经批准的环境影响评价文件的要求，不得擅自拆除或者闲置。

第四十二条　排放污染物的企业事业单位和其他生产经营者，应当采取措施，防治在生产建设或者其他活动中产生的废气、废水、废渣、医疗废物、粉尘、恶臭气体、放射性物质以及噪声、振动、光辐射、电磁辐射等对环境的污染和危害。

排放污染物的企业事业单位，应当建立环境保护责任制度，明确单位负责人和相关人员的责任。

重点排污单位应当按照国家有关规定和监测规范安装使用监测设备，保证监测设备正常运行，保存原始监测记录。

严禁通过暗管、渗井、渗坑、灌注或者篡改、伪造监测数据，或者不正常运行防治污染设施等逃避监管的方式违法排放污染物。

第四十三条　排放污染物的企业事业单位和其他生产经营者，应当按照国家有关规定缴纳排污费。排污费应当全部专项用于环境污染防治，任何单位和个人不得截留、挤占或者挪作他用。

依照法律规定征收环境保护税的，不再征收排污费。

第四十四条　国家实行重点污染物排放总量控制制度。重点污染物排放总量控制指标由国务院下达，省、自治区、直辖市人民政府分解落实。企业事业单位在执行国家和地方污染物排放标准的同时，应当遵守分解落实到本单位的重点污染物排放总量控制指标。

对超过国家重点污染物排放总量控制指标或者未完成国家确定的环境质量目标的地区，省级以上人民政府环境保护主管部门应当暂停审批其新增重点污染物排放总量的建设项目环境影响评价文件。

第四十五条　国家依照法律规定实行排污许可管理制度。

实行排污许可管理的企业事业单位和其他生产经营者应当按照排污许可证的要求排放污染物；未取得排污许可证的，不得排放污染物。

第四十六条　国家对严重污染环境的工艺、设备和产品实行淘汰制度。任何单位和个人不得生产、销售或者转移、使用严重污染环境的工艺、设备和产品。

禁止引进不符合我国环境保护规定的技术、设备、材料和产品。

第四十七条　各级人民政府及其有关部门和企业事业单位，应当依照《中华人民共和国突发事件应对法》的规定，做好突发环境事件的风险控制、应急准备、应急处置和事后恢复等工作。

县级以上人民政府应当建立环境污染公共监测预警机制，组织制定预警方案；环境受到污染，可能影响公众健康和环境安全时，依法及时公布预警信息，启动应急措施。

企业事业单位应当按照国家有关规定制定突发环境事件应急预案，报环境保护主管部门和有关部门备案。在发生或者可能发生突发环境事件时，企业事业单位应当立即

采取措施处理，及时通报可能受到危害的单位和居民，并向环境保护主管部门和有关部门报告。

突发环境事件应急处置工作结束后，有关人民政府应当立即组织评估事件造成的环境影响和损失，并及时将评估结果向社会公布。

第四十八条　生产、储存、运输、销售、使用、处置化学物品和含有放射性物质的物品，应当遵守国家有关规定，防止污染环境。

第四十九条　各级人民政府及其农业等有关部门和机构应当指导农业生产经营者科学种植和养殖，科学合理施用农药、化肥等农业投入品，科学处置农用薄膜、农作物秸秆等农业废弃物，防止农业面源污染。

禁止将不符合农用标准和环境保护标准的固体废物、废水施入农田。施用农药、化肥等农业投入品及进行灌溉，应当采取措施，防止重金属和其他有毒有害物质污染环境。

畜禽养殖场、养殖小区、定点屠宰企业等的选址、建设和管理应当符合有关法律法规规定。从事畜禽养殖和屠宰的单位和个人应当采取措施，对畜禽粪便、尸体和污水等废弃物进行科学处置，防止污染环境。

县级人民政府负责组织农村生活废弃物的处置工作。

第五十条　各级人民政府应当在财政预算中安排资金，支持农村饮用水水源地保护、生活污水和其他废弃物处理、畜禽养殖和屠宰污染防治、土壤污染防治和农村工矿污染治理等环境保护工作。

第五十一条　各级人民政府应当统筹城乡建设污水处理设施及配套管网，固体废物的收集、运输和处置等环境卫生设施，危险废物集中处置设施、场所以及其他环境保护公共设施，并保障其正常运行。

第五十二条　国家鼓励投保环境污染责任保险。

第五章　信息公开和公众参与

第五十三条　公民、法人和其他组织依法享有获取环境信息、参与和监督环境保护的权利。

各级人民政府环境保护主管部门和其他负有环境保护监督管理职责的部门，应当依法公开环境信息、完善公众参与程序，为公民、法人和其他组织参与和监督环境保护提供便利。

第五十四条　国务院环境保护主管部门统一发布国家环境质量、重点污染源监测信息及其他重大环境信息。省级以上人民政府环境保护主管部门定期发布环境状况公报。

县级以上人民政府环境保护主管部门和其他负有环境保护监督管理职责的部门，应当依法公开环境质量、环境监测、突发环境事件以及环境行政许可、行政处罚、排污费的征收和使用情况等信息。

县级以上地方人民政府环境保护主管部门和其他负有环境保护监督管理职责的部门，应当将企业事业单位和其他生产经营者的环境违法信息记入社会诚信档案，及时向社会公布违法者名单。

第五十五条　重点排污单位应当如实向社会公开其主要污染物的名称、排放方式、排放

浓度和总量、超标排放情况，以及防治污染设施的建设和运行情况，接受社会监督。

第五十六条 对依法应当编制环境影响报告书的建设项目，建设单位应当在编制时向可能受影响的公众说明情况，充分征求意见。

负责审批建设项目环境影响评价文件的部门在收到建设项目环境影响报告书后，除涉及国家秘密和商业秘密的事项外，应当全文公开；发现建设项目未充分征求公众意见的，应当责成建设单位征求公众意见。

第五十七条 公民、法人和其他组织发现任何单位和个人有污染环境和破坏生态行为的，有权向环境保护主管部门或者其他负有环境保护监督管理职责的部门举报。

公民、法人和其他组织发现地方各级人民政府、县级以上人民政府环境保护主管部门和其他负有环境保护监督管理职责的部门不依法履行职责的，有权向其上级机关或者监察机关举报。

接受举报的机关应当对举报人的相关信息予以保密，保护举报人的合法权益。

第五十八条 对污染环境、破坏生态，损害社会公共利益的行为，符合下列条件的社会组织可以向人民法院提起诉讼：

（一）依法在设区的市级以上人民政府民政部门登记；

（二）专门从事环境保护公益活动连续五年以上且无违法记录。

符合前款规定的社会组织向人民法院提起诉讼，人民法院应当依法受理。

提起诉讼的社会组织不得通过诉讼牟取经济利益。

第六章 法律责任

第五十九条 企业事业单位和其他生产经营者违法排放污染物，受到罚款处罚，被责令改正，拒不改正的，依法作出处罚决定的行政机关可以自责令改正之日的次日起，按照原处罚数额按日连续处罚。

前款规定的罚款处罚，依照有关法律法规按照防治污染设施的运行成本、违法行为造成的直接损失或者违法所得等因素确定的规定执行。

地方性法规可以根据环境保护的实际需要，增加第一款规定的按日连续处罚的违法行为的种类。

第六十条 企业事业单位和其他生产经营者超过污染物排放标准或者超过重点污染物排放总量控制指标排放污染物的，县级以上人民政府环境保护主管部门可以责令其采取限制生产、停产整治等措施；情节严重的，报经有批准权的人民政府批准，责令停业、关闭。

第六十一条 建设单位未依法提交建设项目环境影响评价文件或者环境影响评价文件未经批准，擅自开工建设的，由负有环境保护监督管理职责的部门责令停止建设，处以罚款，并可以责令恢复原状。

第六十二条 违反本法规定，重点排污单位不公开或者不如实公开环境信息的，由县级以上地方人民政府环境保护主管部门责令公开，处以罚款，并予以公告。

第六十三条 企业事业单位和其他生产经营者有下列行为之一，尚不构成犯罪的，除依照有关法律法规规定予以处罚外，由县级以上人民政府环境保护主管部门或者其他有关部门将案件移送公安机关，对其直接负责的主管人员和其他直接责任人员，处十日

以上十五日以下拘留；情节较轻的，处五日以上十日以下拘留：
（一）建设项目未依法进行环境影响评价，被责令停止建设，拒不执行的；
（二）违反法律规定，未取得排污许可证排放污染物，被责令停止排污，拒不执行的；
（三）通过暗管、渗井、渗坑、灌注或者篡改、伪造监测数据，或者不正常运行防治污染设施等逃避监管的方式违法排放污染物的；
（四）生产、使用国家明令禁止生产、使用的农药，被责令改正，拒不改正的。

第六十四条　因污染环境和破坏生态造成损害的，应当依照《中华人民共和国侵权责任法》的有关规定承担侵权责任。

第六十五条　环境影响评价机构、环境监测机构以及从事环境监测设备和防治污染设施维护、运营的机构，在有关环境服务活动中弄虚作假，对造成的环境污染和生态破坏负有责任的，除依照有关法律法规规定予以处罚外，还应当与造成环境污染和生态破坏的其他责任者承担连带责任。

第六十六条　提起环境损害赔偿诉讼的时效期间为三年，从当事人知道或者应当知道其受到损害时起计算。

第六十七条　上级人民政府及其环境保护主管部门应当加强对下级人民政府及其有关部门环境保护工作的监督。发现有关工作人员有违法行为，依法应当给予处分的，应当向其任免机关或者监察机关提出处分建议。

依法应当给予行政处罚，而有关环境保护主管部门不给予行政处罚的，上级人民政府环境保护主管部门可以直接作出行政处罚的决定。

第六十八条　地方各级人民政府、县级以上人民政府环境保护主管部门和其他负有环境保护监督管理职责的部门有下列行为之一的，对直接负责的主管人员和其他直接责任人员给予记过、记大过或者降级处分；造成严重后果的，给予撤职或者开除处分，其主要负责人应当引咎辞职：
（一）不符合行政许可条件准予行政许可的；
（二）对环境违法行为进行包庇的；
（三）依法应当作出责令停业、关闭的决定而未作出的；
（四）对超标排放污染物、采用逃避监管的方式排放污染物、造成环境事故以及不落实生态保护措施造成生态破坏等行为，发现或者接到举报未及时查处的；
（五）违反本法规定，查封、扣押企业事业单位和其他生产经营者的设施、设备的；
（六）篡改、伪造或者指使篡改、伪造监测数据的；
（七）应当依法公开环境信息而未公开的；
（八）将征收的排污费截留、挤占或者挪作他用的；
（九）法律法规规定的其他违法行为。

第六十九条　违反本法规定，构成犯罪的，依法追究刑事责任。

第七章　附则

第七十条　本法自2015年1月1日起施行。

(2) 中华人民共和国环境影响评价法

第一章 总 则

第一条 为了实施可持续发展战略,预防因规划和建设项目实施后对环境造成不良影响,促进经济、社会和环境的协调发展,制定本法。

第二条 本法所称环境影响评价,是指对规划和建设项目实施后可能造成的环境影响进行分析、预测和评估,提出预防或者减轻不良环境影响的对策和措施,进行跟踪监测的方法与制度。

第二章 规划的环境影响评价

第七条 国务院有关部门、设区的市级以上地方人民政府及其有关部门,对其组织编制的土地利用的有关规划,区域、流域、海域的建设、开发利用规划,应当在规划编制过程中组织进行环境影响评价,编写该规划有关环境影响的篇章或者说明。

规划有关环境影响的篇章或者说明,应当对规划实施后可能造成的环境影响作出分析、预测和评估,提出预防或者减轻不良环境影响的对策和措施,作为规划草案的组成部分一并报送规划审批机关。

未编写有关环境影响的篇章或者说明的规划草案,审批机关不予审批。

第八条 国务院有关部门、设区的市级以上地方人民政府及其有关部门,对其组织编制的工业、农业、畜牧业、林业、能源、水利、交通、城市建设、旅游、自然资源开发的有关专项规划(以下简称专项规划),应当在该专项规划草案上报审批前,组织进行环境影响评价,并向审批该专项规划的机关提出环境影响报告书。

前款所列专项规划中的指导性规划,按照本法第七条的规定进行环境影响评价。

第九条 依照本法第七条、第八条的规定进行环境影响评价的规划的具体范围,由国务院环境保护行政主管部门会同国务院有关部门规定,报国务院批准。

第十条 专项规划的环境影响报告书应当包括下列内容:

(一) 实施该规划对环境可能造成影响的分析、预测和评估;

(二) 预防或者减轻不良环境影响的对策和措施;

(三) 环境影响评价的结论。

第十一条 专项规划的编制机关对可能造成不良环境影响并直接涉及公众环境权益的规划,应当在该规划草案报送审批前,举行论证会、听证会,或者采取其他形式,征求有关单位、专家和公众对环境影响报告书草案的意见。但是,国家规定需要保密的情形除外。

编制机关应当认真考虑有关单位、专家和公众对环境影响报告书草案的意见,并应当在报送审查的环境影响报告书中附具对意见采纳或者不采纳的说明。

第十二条 专项规划的编制机关在报批规划草案时,应当将环境影响报告书一并附送审批机关审查;未附送环境影响报告书的,审批机关不予审批。

第十三条 设区的市级以上人民政府在审批专项规划草案,作出决策前,应当先由人民政府指定的环境保护行政主管部门或者其他部门召集有关部门代表和专家组成审查小组,对环境影响报告书进行审查。审查小组应当提出书面审查意见。

参加前款规定的审查小组的专家,应当从按照国务院环境保护行政主管部门的规定

设立的专家库内的相关专业的专家名单中，以随机抽取的方式确定。

由省级以上人民政府有关部门负责审批的专项规划，其环境影响报告书的审查办法，由国务院环境保护行政主管部门会同国务院有关部门制定。

第十四条 设区的市级以上人民政府或者省级以上人民政府有关部门在审批专项规划草案时，应当将环境影响报告书结论以及审查意见作为决策的重要依据。

在审批中未采纳环境影响报告书结论以及审查意见的，应当作出说明，并存档备查。

第十五条 对环境有重大影响的规划实施后，编制机关应当及时组织环境影响的跟踪评价，并将评价结果报告审批机关；发现有明显不良环境影响的，应当及时提出改进措施。

第三章 建设项目的环境影响评价

第十六条 国家根据建设项目对环境的影响程度，对建设项目的环境影响评价实行分类管理。

建设单位应当按照下列规定组织编制环境影响报告书、环境影响报告表或者填报环境影响登记表（以下统称环境影响评价文件）：

（一）可能造成重大环境影响的，应当编制环境影响报告书，对产生的环境影响进行全面评价；

（二）可能造成轻度环境影响的，应当编制环境影响报告表，对产生的环境影响进行分析或者专项评价；

（三）对环境影响很小、不需要进行环境影响评价的，应当填报环境影响登记表。

建设项目的环境影响评价分类管理名录，由国务院环境保护行政主管部门制定并公布。

第十七条 建设项目的环境影响报告书应当包括下列内容：

（一）建设项目概况；
（二）建设项目周围环境现状；
（三）建设项目对环境可能造成影响的分析、预测和评估；
（四）建设项目环境保护措施及其技术、经济论证；
（五）建设项目对环境影响的经济损益分析；
（六）对建设项目实施环境监测的建议；
（七）环境影响评价的结论。

涉及水土保持的建设项目，还必须有经水行政主管部门审查同意的水土保持方案。

环境影响报告表和环境影响登记表的内容和格式，由国务院环境保护行政主管部门制定。

第十八条 建设项目的环境影响评价，应当避免与规划的环境影响评价相重复。

作为一项整体建设项目的规划，按照建设项目进行环境影响评价，不进行规划的环境影响评价。

已经进行了环境影响评价的规划所包含的具体建设项目，其环境影响评价内容建设单位可以简化。

第十九条 接受委托为建设项目环境影响评价提供技术服务的机构，应当经国务院环境

保护行政主管部门考核审查合格后，颁发资质证书，按照资质证书规定的等级和评价范围，从事环境影响评价服务，并对评价结论负责。为建设项目环境影响评价提供技术服务的机构的资质条件和管理办法，由国务院环境保护行政主管部门制定。

国务院环境保护行政主管部门对已取得资质证书的为建设项目环境影响评价提供技术服务的机构的名单，应当予以公布。

为建设项目环境影响评价提供技术服务的机构，不得与负责审批建设项目环境影响评价文件的环境保护行政主管部门或者其他有关审批部门存在任何利益关系。

第二十条　环境影响评价文件中的环境影响报告书或者环境影响报告表，应当由具有相应环境影响评价资质的机构编制。

任何单位和个人不得为建设单位指定对其建设项目进行环境影响评价的机构。

第二十一条　除国家规定需要保密的情形外，对环境可能造成重大影响、应当编制环境影响报告书的建设项目，建设单位应当在报批建设项目环境影响报告书前，举行论证会、听证会，或者采取其他形式，征求有关单位、专家和公众的意见。

建设单位报批的环境影响报告书应当附具对有关单位、专家和公众的意见采纳或者不采纳的说明。

第二十二条　建设项目的环境影响评价文件，由建设单位按照国务院的规定报有审批权的环境保护行政主管部门审批；建设项目有行业主管部门的，其环境影响报告书或者环境影响报告表应当经行业主管部门预审后，报有审批权的环境保护行政主管部门审批。

海洋工程建设项目的海洋环境影响报告书的审批，依照《中华人民共和国海洋环境保护法》的规定办理。

审批部门应当自收到环境影响报告书之日起六十日内，收到环境影响报告表之日起三十日内，收到环境影响登记表之日起十五日内，分别作出审批决定并书面通知建设单位。

预审、审核、审批建设项目环境影响评价文件，不得收取任何费用。

第二十三条　国务院环境保护行政主管部门负责审批下列建设项目的环境影响评价文件：
（一）　核设施、绝密工程等特殊性质的建设项目；
（二）　跨省、自治区、直辖市行政区域的建设项目；
（三）　由国务院审批的或者由国务院授权有关部门审批的建设项目。

前款规定以外的建设项目的环境影响评价文件的审批权限，由省、自治区、直辖市人民政府规定。

建设项目可能造成跨行政区域的不良环境影响，有关环境保护行政主管部门对该项目的环境影响评价结论有争议的，其环境影响评价文件由共同的上一级环境保护行政主管部门审批。

第二十四条　1项略

建设项目的环境影响评价文件自批准之日起超过五年，方决定该项目开工建设的，其环境影响评价文件应当报原审批部门重新审核；原审批部门应当自收到建设项目环

〈资　　料〉

境影响评价文件之日起十日内，将审核意见书面通知建设单位。

第二十五条　建设项目的环境影响评价文件未经法律规定的审批部门审查或者审查后未予批准的，该项目审批部门不得批准其建设，建设单位不得开工建设。

第二十六条　建设项目建设过程中，建设单位应当同时实施环境影响报告书、环境影响报告表以及环境影响评价文件审批部门审批意见中提出的环境保护对策措施。

第二十七条　在项目建设、运行过程中产生不符合经审批的环境影响评价文件的情形的，建设单位应当组织环境影响的后评价，采取改进措施，并报原环境影响评价文件审批部门和建设项目审批部门备案；原环境影响评价文件审批部门也可以责成建设单位进行环境影响的后评价，采取改进措施。

第二十八条　环境保护行政主管部门应当对建设项目投入生产或者使用后所产生的环境影响进行跟踪检查，对造成严重环境污染或者生态破坏的，应当查清原因、查明责任。对属于为建设项目环境影响评价提供技术服务的机构编制不实的环境影响评价文件的，依照本法第三十三条的规定追究其法律责任；属于审批部门工作人员失职、渎职，对依法不应批准的建设项目环境影响评价文件予以批准的，依照本法第三十五条的规定追究其法律责任。

第四章　法律责任

第三十条　规划审批机关对依法应当编写有关环境影响的篇章或者说明而未编写的规划草案，依法应当附送环境影响报告书而未附送的专项规划草案，违法予以批准的，对直接负责的主管人员和其他直接责任人员，由上级机关或者监察机关依法给予行政处分。

第三十一条　建设单位未依法报批建设项目环境影响评价文件，或者未依照本法第二十四条的规定重新报批或者报请重新审核环境影响评价文件，擅自开工建设的，由有权审批该项目环境影响评价文件的环境保护行政主管部门责令停止建设，限期补办手续；逾期不补办手续的，可以处五万元以上二十万元以下的罚款，对建设单位直接负责的主管人员和其他直接责任人员，依法给予行政处分。

建设项目环境影响评价文件未经批准或者未经原审批部门重新审核同意，建设单位擅自开工建设的，由有权审批该项目环境影响评价文件的环境保护行政主管部门责令停止建设，可以处五万元以上二十万元以下的罚款，对建设单位直接负责的主管人员和其他直接责任人员，依法给予行政处分。

3 项省略

第三十二条　建设项目依法应当进行环境影响评价而未评价，或者环境影响评价文件未经依法批准，审批部门擅自批准该项目建设的，对直接负责的主管人员和其他直接责任人员，由上级机关或者监察机关依法给予行政处分；构成犯罪的，依法追究刑事责任。

第三十三条　接受委托为建设项目环境影响评价提供技术服务的机构在环境影响评价工作中不负责任或者弄虚作假，致使环境影响评价文件失实的，由授予环境影响评价资质的环境保护行政主管部门降低其资质等级或者吊销其资质证书，并处所收费用一倍以上三倍以下的罚款；构成犯罪的，依法追究刑事责任

第三十五条　环境保护行政主管部门或者其他部门的工作人员徇私舞弊，滥用职权，玩忽职守，违法批准建设项目环境影响评价文件的，依法给予行政处分；构成犯罪的，依法追究刑事责任。

第五章　附则

第三十八条　本法自2003年9月1日起施行。

(3) 中华人民共和国行政许可法

第一章　总则

第二条　本法所称行政许可，是指行政机关根据公民、法人或者其他组织的申请，经依法审查，准予其从事特定活动的行为。

第七条　公民、法人或者其他组织对行政机关实施行政许可，享有陈述权、申辩权；有权依法申请行政复议或者提起行政诉讼；其合法权益因行政机关违法实施行政许可受到损害的，有权依法要求赔偿。

第二章　行政许可的设定

第十二条　下列事项可以设定行政许可：

(一) 直接涉及国家安全、公共安全、经济宏观调控、生态环境保护以及直接关系人身健康、生命财产安全等特定活动，需要按照法定条件予以批准的事项；

(二) 有限自然资源开发利用、公共资源配置以及直接关系公共利益的特定行业的市场准入等，需要赋予特定权利的事项；

(三) 提供公众服务并且直接关系公共利益的职业、行业，需要确定具备特殊信誉、特殊条件或者特殊技能等资格、资质的事项；

(四) 直接关系公共安全、人身健康、生命财产安全的重要设备、设施、产品、物品，需要按照技术标准、技术规范，通过检验、检测、检疫等方式进行审定的事项；

(五) 企业或者其他组织的设立等，需要确定主体资格的事项；

(六) 法律、行政法规规定可以设定行政许可的其他事项。

第十四条　本法第十二条所列事项，法律可以设定行政许可。尚未制定法律的，行政法规可以设定行政许可。

第四章　行政许可的实施程序

第一节　申请与受理

第三十条　行政机关应当将法律、法规、规章规定的有关行政许可的事项、依据、条件、数量、程序、期限以及需要提交的全部材料的目录和申请书示范文本等在办公场所公示。

申请人要求行政机关对公示内容予以说明、解释的，行政机关应当说明、解释，提供准确、可靠的信息。

第三十一条　申请人申请行政许可，应当如实向行政机关提交有关材料和反映真实情况，并对其申请材料实质内容的真实性负责。行政机关不得要求申请人提交与其申请的行政许可事项无关的技术资料和其他材料。

第三十二条　行政机关对申请人提出的行政许可申请，应当根据下列情况分别作出处

〈資　料〉

理：
- （一）申请事项依法不需要取得行政许可的，应当即时告知申请人不受理；
- （二）申请事项依法不属于本行政机关职权范围的，应当即时作出不予受理的决定，并告知申请人向有关行政机关申请；
- （三）申请材料存在可以当场更正的错误的，应当允许申请人当场更正；
- （四）申请材料不齐全或者不符合法定形式的，应当当场或者在五日内一次告知申请人需要补正的全部内容，逾期不告知的，自收到申请材料之日起即为受理；
- （五）申请事项属于本行政机关职权范围，申请材料齐全、符合法定形式，或者申请人按照本行政机关的要求提交全部补正申请材料的，应当受理行政许可申请。

第二节　审查与决定

第三十四条　行政机关应当对申请人提交的申请材料进行审查（2项省略）

第三十六条　行政机关对行政许可申请进行审查时，发现行政许可事项直接关系他人重大利益的，应当告知该利害关系人。申请人、利害关系人有权进行陈述和申辩。行政机关应当听取申请人、利害关系人的意见。

第三十七条　行政机关对行政许可申请进行审查后，除当场作出行政许可决定的外，应当在法定期限内按照规定程序作出行政许可决定。

第三十八条　申请人的申请符合法定条件、标准的，行政机关应当依法作出准予行政许可的书面决定。

行政机关依法作出不予行政许可的书面决定的，应当说明理由，并告知申请人享有依法申请行政复议或者提起行政诉讼的权利。

第三节　期限

第四十二条　除可以当场作出行政许可决定的外，行政机关应当自受理行政许可申请之日起二十日内作出行政许可决定。二十日内不能作出决定的，经本行政机关负责人批准，可以延长十日，并应当将延长期限的理由告知申请人。但是，法律、法规另有规定的，依照其规定。2项省略

第四十五条　行政机关作出行政许可决定，依法需要听证、招标、拍卖、检验、检测、检疫、鉴定和专家评审的，所需时间不计算在本节规定的期限内。行政机关应当将所需时间书面告知申请人。

第四节　听证

第四十六条　法律、法规、规章规定实施行政许可应当听证的事项，或者行政机关认为需要听证的其他涉及公共利益的重大行政许可事项，行政机关应当向社会公告，并举行听证。

第四十七条　行政许可直接涉及申请人与他人之间重大利益关系的，行政机关在作出行政许可决定前，应当告知申请人、利害关系人享有要求听证的权利；申请人、利害关系人在被告知听证权利之日起五日内提出听证申请的，行政机关应当在二十日内组织听证。

申请人、利害关系人不承担行政机关组织听证的费用。

第四十八条　听证按照下列程序进行：

（一）行政机关应当于举行听证的七日前将举行听证的时间、地点通知申请人、利害关系人，必要时予以公告；
（二）听证应当公开举行；
（三）行政机关应当指定审查该行政许可申请的工作人员以外的人员为听证主持人，申请人、利害关系人认为主持人与该行政许可事项有直接利害关系的，有权申请回避；
（四）举行听证时，审查该行政许可申请的工作人员应当提供审查意见的证据、理由，申请人、利害关系人可以提出证据，并进行申辩和质证；
（五）听证应当制作笔录，听证笔录应当交听证参加人确认无误后签字或者盖章。

  行政机关应当根据听证笔录，作出行政许可决定。

  第五节　变更与延续（略）
  第六节　特别规定（略）
 第五章　行政许可的费用（略）
 第六章　监督检查

第六十二条　行政机关可以对被许可人生产经营的产品依法进行抽样检查、检验、检测，对其生产经营场所依法进行实地检查。检查时，行政机关可以依法查阅或者要求被许可人报送有关材料；被许可人应当如实提供有关情况和材料。

  行政机关根据法律、行政法规的规定，对直接关系公共安全、人身健康、生命财产安全的重要设备、设施进行定期检验。对检验合格的，行政机关应当发给相应的证明文件。

第六十八条　对直接关系公共安全、人身健康、生命财产安全的重要设备、设施，行政机关应当督促设计、建造、安装和使用单位建立相应的自检制度。

  行政机关在监督检查时，发现直接关系公共安全、人身健康、生命财产安全的重要设备、设施存在安全隐患的，应当责令停止建造、安装和使用，并责令设计、建造、安装和使用单位立即改正。

第六十九条　有下列情形之一的，作出行政许可决定的行政机关或者其上级行政机关，根据利害关系人的请求或者依据职权，可以撤销行政许可：
（一）行政机关工作人员滥用职权、玩忽职守作出准予行政许可决定的；
（二）超越法定职权作出准予行政许可决定的；
（三）违反法定程序作出准予行政许可决定的；
（四）对不具备申请资格或者不符合法定条件的申请人准予行政许可的；
（五）依法可以撤销行政许可的其他情形。

  被许可人以欺骗、贿赂等不正当手段取得行政许可的，应当予以撤销。

  依照前两款的规定撤销行政许可，可能对公共利益造成重大损害的，不予撤销。

  依照本条第一款的规定撤销行政许可，被许可人的合法权益受到损害的，行政机关应当依法给予赔偿。依照本条第二款的规定撤销行政许可的，被许可人基于行政许可取得的利益不受保护。

  第七章　法律责任（略）
  第八章　附则

〈资　料〉

第八十三条　本法自 2004 年 7 月 1 日起施行。

(4) **行政处罚法**

第一章　总　则

第三条　公民、法人或者其他组织违反行政管理秩序的行为，应当给予行政处罚的，依照本法由法律、法规或者规章规定，并由行政机关依照本法规定的程序实施。

没有法定依据或者不遵守法定程序的，行政处罚无效

第五条　实施行政处罚，纠正违法行为，应当坚持处罚与教育相结合，教育公民、法人或者其他组织自觉守法。

第六条　公民、法人或者其他组织对行政机关所给予的行政处罚，享有陈述权、申辩权；对行政处罚不服的，有权依法申请行政复议或者提起行政诉讼。

公民、法人或者其他组织因行政机关违法给予行政处罚受到损害的，有权依法提出赔偿要求。

第二章　行政处罚的种类和设定

第八条　行政处罚的种类：

（一）警告；

（二）罚款；

（三）没收违法所得、没收非法财物；

（四）责令停产停业；

（五）暂扣或者吊销许可证、暂扣或者吊销执照；

（六）行政拘留；

（七）法律、行政法规规定的其他行政处罚。

第三章　行政处罚的实施机关（略）

第四章　行政处罚的管辖和适用

第二十三条　行政机关实施行政处罚时，应当责令当事人改正或者限期改正违法行为。

第二十四条　对当事人的同一个违法行为，不得给予两次以上罚款的行政处罚。

第五章　行政处罚的决定

第三十一条　行政机关在作出行政处罚决定之前，应当告知当事人作出行政处罚决定的事实、理由及依据，并告知当事人依法享有的权利。

第三十二条　当事人有权进行陈述和申辩。行政机关必须充分听取当事人的意见，对当事人提出的事实、理由和证据，应当进行复核；当事人提出的事实、理由或者证据成立的，行政机关应当采纳。

行政机关不得因当事人申辩而加重处罚。

第一节　简易程序

第三十三条　违法事实确凿并有法定依据，对公民处以五十元以下、对法人或者其他组织处以一千元以下罚款或者警告的行政处罚的，可以当场作出行政处罚决定。（以下略）

第三十四条　执法人员当场作出行政处罚决定的，应当向当事人出示……行政处罚决定

书。行政处罚决定书应当当场交付当事人。

前款规定的行政处罚决定书应当载明当事人的违法行为、行政处罚依据、罚款数额、时间、地点以及行政机关名称，并由执法人员签名或者盖章。

执法人员当场作出的行政处罚决定，必须报所属行政机关备案。

第三十五条　当事人对当场作出的行政处罚决定不服的，可以依法申请行政复议或者提起行政诉讼。

第二节　一般程序

第三十七条　行政机关在调查或者进行检查时，执法人员不得少于两人，并应当向当事人或者有关人员出示证件。当事人或者有关人员应当如实回答询问，并协助调查或者检查，不得阻挠。询问或者检查应当制作笔录。（2项以下省略）

第三十九条　行政机关依照本法第三十八条的规定给予行政处罚，应当制作行政处罚决定书。行政处罚决定书应当载明下列事项：
（一）　当事人的姓名或者名称、地址；
（二）　违反法律、法规或者规章的事实和证据；
（三）　行政处罚的种类和依据；
（四）　行政处罚的履行方式和期限；
（五）　不服行政处罚决定，申请行政复议或者提起行政诉讼的途径和期限；
（六）　作出行政处罚决定的行政机关名称和作出决定的日期。

行政处罚决定书必须盖有作出行政处罚决定的行政机关的印章。

第四十一条　行政机关及其执法人员在作出行政处罚决定之前，不依照本法第三十一条、第三十二条的规定向当事人告知给予行政处罚的事实、理由和依据，或者拒绝听取当事人的陈述、申辩，行政处罚决定不能成立；当事人放弃陈述或者申辩权利的除外。

第三节　听证程序

第四十二条　行政机关作出责令停产停业、吊销许可证或者执照、较大数额罚款等行政处罚决定之前，应当告知当事人有要求举行听证的权利；当事人要求听证的，行政机关应当组织听证。当事人不承担行政机关组织听证的费用。听证依照以下程序组织：
（一）　当事人要求听证的，应当在行政机关告知后三日内提出；
（二）　行政机关应当在听证的七日前，通知当事人举行听证的时间、地点；
（三）　除涉及国家秘密、商业秘密或者个人隐私外，听证公开举行；
（四）　听证由行政机关指定的非本案调查人员主持；当事人认为主持人与本案有直接利害关系的，有权申请回避；
（五）　当事人可以亲自参加听证，也可以委托一至二人代理；
（六）　举行听证时，调查人员提出当事人违法的事实、证据和行政处罚建议；当事人进行申辩和质证；
（七）　听证应当制作笔录；笔录应当交当事人审核无误后签字或者盖章。

当事人对限制人身自由的行政处罚有异议的，依照治安管理处罚条例有关规定执行。

第六章　行政处罚的执行

第四十五条　当事人对行政处罚决定不服申请行政复议或者提起行政诉讼的，行政处罚

不停止执行，法律另有规定的除外。
第五十一条　当事人逾期不履行行政处罚决定的，作出行政处罚决定的行政机关可以采取下列措施：
（一）　到期不缴纳罚款的，每日按罚款数额的百分之三加处罚款；
（二）　根据法律规定，将查封、扣押的财物拍卖或者将冻结的存款划拨抵缴罚款；
（三）　申请人民法院强制执行。
　　　第七章　法律责任（略）

(5)　**中華人民共和國行政強制法**
　　　第一章　总　则
第二条　本法所称行政强制，包括行政强制措施和行政强制执行。
　　　行政强制措施，是指行政机关在行政管理过程中，为制止违法行为、防止证据损毁、避免危害发生、控制危险扩大等情形，依法对公民的人身自由实施暂时性限制，或者对公民、法人或者其他组织的财物实施暂时性控制的行为。
　　　行政强制执行，是指行政机关或者行政机关申请人民法院，对不履行行政决定的公民、法人或者其他组织，依法强制履行义务的行为。
第五条　行政强制的设定和实施，应当适当。采用非强制手段可以达到行政管理目的的，不得设定和实施行政强制。
第六条　实施行政强制，应当坚持教育与强制相结合。
第八条　公民、法人或者其他组织对行政机关实施行政强制，享有陈述权、申辩权；有权依法申请行政复议或者提起行政诉讼；因行政机关违法实施行政强制受到损害的，有权依法要求赔偿。
　　　公民、法人或者其他组织因人民法院在强制执行中有违法行为或者扩大强制执行范围受到损害的，有权依法要求赔偿。
　　　第二章　行政强制的种类和设定
第九条　行政强制措施的种类：
（一）　限制公民人身自由；
（二）　查封场所、设施或者财物；
（三）　扣押财物；
（四）　冻结存款、汇款；
（五）　其他行政强制措施。
第十二条　行政强制执行的方式：
（一）　加处罚款或者滞纳金；
（二）　划拨存款、汇款；
（三）　拍卖或者依法处理查封、扣押的场所、设施或者财物；
（四）　排除妨碍、恢复原状；
（五）　代履行；
（六）　其他强制执行方式。

第三章 行政强制措施实施程序

第一节 一般规定

第十八条 行政机关实施行政强制措施应当遵守下列规定：
（五）当场告知当事人采取行政强制措施的理由、依据以及当事人依法享有的权利、救济途径；
（六）听取当事人的陈述和申辩；
（七）制作现场笔录；

第二节 查封、扣押

第二十三条 查封、扣押限于涉案的场所、设施或者财物，不得查封、扣押与违法行为无关的场所、设施或者财物；不得查封、扣押公民个人及其所扶养家属的生活必需品。
（以下略）

第二十四条 1项省略
查封、扣押决定书应当载明下列事项：
（二）查封、扣押的理由、依据和期限；
（三）查封、扣押场所、设施或者财物的名称、数量等；
（四）申请行政复议或者提起行政诉讼的途径和期限；

第二十五条 查封、扣押的期限不得超过三十日；情况复杂的，经行政机关负责人批准，可以延长，但是延长期限不得超过三十日。法律、行政法规另有规定的除外。

第三节 冻结（略）

第四章 行政机关强制执行程序

第一节 一般规定

第三十五条 行政机关作出强制执行决定前，应当事先催告当事人履行义务。催告应当以书面形式作出，并载明下列事项：
（一）履行义务的期限；
（二）履行义务的方式；
（三）涉及金钱给付的，应当有明确的金额和给付方式；
（四）当事人依法享有的陈述权和申辩权。

第三十六条 当事人收到催告书后有权进行陈述和申辩。行政机关应当充分听取当事人的意见，对当事人提出的事实、理由和证据，应当进行记录、复核。当事人提出的事实、理由或者证据成立的，行政机关应当采纳。

第三十七条 经催告，当事人逾期仍不履行行政决定，且无正当理由的，行政机关可以作出强制执行决定。

强制执行决定应当以书面形式作出，并载明下列事项：
（二）强制执行的理由和依据；
（三）强制执行的方式和时间；
（四）申请行政复议或者提起行政诉讼的途径和期限；
（五）行政机关的名称、印章和日期。

3项省略

〈資　料〉

第三十九条　有下列情形之一的，中止执行：
（一）　当事人履行行政决定确有困难或者暂无履行能力的；
（二）　第三人对执行标的主张权利，确有理由的；
（三）　执行可能造成难以弥补的损失，且中止执行不损害公共利益的；
（四）　行政机关认为需要中止执行的其他情形。
　　中止执行的情形消失后，行政机关应当恢复执行。对没有明显社会危害，当事人确无能力履行，中止执行满三年未恢复执行的，行政机关不再执行。

第四十二条　实施行政强制执行，行政机关可以在不损害公共利益和他人合法权益的情况下，与当事人达成执行协议。执行协议可以约定分阶段履行；当事人采取补救措施的，可以减免加处的罚款或者滞纳金。
　　执行协议应当履行。当事人不履行执行协议的，行政机关应当恢复强制执行。

第四十三条　行政机关不得在夜间或者法定节假日实施行政强制执行。但是，情况紧急的除外。
　　行政机关不得对居民生活采取停止供水、供电、供热、供燃气等方式迫使当事人履行相关行政决定。

　　　　第二节　金钱给付义务的执行

第四十五条　行政机关依法作出金钱给付义务的行政决定，当事人逾期不履行的，行政机关可以依法加处罚款或者滞纳金。加处罚款或者滞纳金的标准应当告知当事人。
　　加处罚款或者滞纳金的数额不得超出金钱给付义务的数额。

第四十六条　行政机关依照本法第四十五条规定实施加处罚款或者滞纳金超过三十日，经催告当事人仍不履行的，具有行政强制执行权的行政机关可以强制执行。
　　行政机关实施强制执行前，需要采取查封、扣押、冻结措施的，依照本法第三章规定办理。
　　没有行政强制执行权的行政机关应当申请人民法院强制执行。但是，当事人在法定期限内不申请行政复议或者提起行政诉讼，经催告仍不履行的，在实施行政管理过程中已经采取查封、扣押措施的行政机关，可以将查封、扣押的财物依法拍卖抵缴罚款。

第四十七条　划拨存款、汇款应当由法律规定的行政机关决定，并书面通知金融机构。
　　金融机构接到行政机关依法作出划拨存款、汇款的决定后，应当立即划拨。
　　法律规定以外的行政机关或者组织要求划拨当事人存款、汇款的，金融机构应当拒绝。

第四十八条　依法拍卖财物，由行政机关委托拍卖机构依照《中华人民共和国拍卖法》的规定办理。

　　　　第三节　代履行

第五十条　行政机关依法作出要求当事人履行排除妨碍、恢复原状等义务的行政决定，当事人逾期不履行，经催告仍不履行，其后果已经或者将危害交通安全、造成环境污染或者破坏自然资源的，行政机关可以代履行，或者委托没有利害关系的第三人代履行。

第五十一条　代履行应当遵守下列规定：

（一）代履行前送达决定书，代履行决定书应当载明当事人的姓名或者名称、地址、代履行的理由和依据、方式和时间、标的、费用预算以及代履行人；
（二）代履行三日前，催告当事人履行，当事人履行的，停止代履行；
（三）代履行时，作出决定的行政机关应当派员到场监督；
（四）代履行完毕，行政机关到场监督的工作人员、代履行人和当事人或者见证人应当在执行文书上签名或者盖章。

　　代履行的费用按照成本合理确定，由当事人承担。但是，法律另有规定的除外。

　　代履行不得采用暴力、胁迫以及其他非法方式。

第五十二条　需要立即清除道路、河道、航道或者公共场所的遗洒物、障碍物或者污染物，当事人不能清除的，行政机关可以决定立即实施代履行；当事人不在场的，行政机关应当在事后立即通知当事人，并依法作出处理。

　　第五章　申请人民法院强制执行

第五十三条　当事人在法定期限内不申请行政复议或者提起行政诉讼，又不履行行政决定的，没有行政强制执行权的行政机关可以自期限届满之日起三个月内，依照本章规定申请人民法院强制执行。

第五十四条　行政机关申请人民法院强制执行前，应当催告当事人履行义务。催告书送达十日后当事人仍未履行义务的，行政机关可以向所在地有管辖权的人民法院申请强制执行；执行对象是不动产的，向不动产所在地有管辖权的人民法院申请强制执行。

　　第七章　附　则

第七十一条　本法自 2012 年 1 月 1 日起施行。

(6) 中华人民共和国侵权责任法

　　第一章　一般规定（省略）

　　第二章　责任构成和责任方式

第六条　行为人因过错侵害他人民事权益，应当承担侵权责任。

第十条　二人以上实施危及他人人身、财产安全的行为，其中一人或者数人的行为造成他人损害，能够确定具体侵权人的，由侵权人承担责任；不能确定具体侵权人的，行为人承担连带责任。

第十一条　二人以上分别实施侵权行为造成同一损害，每个人的侵权行为都足以造成全部损害的，行为人承担连带责任。

第十二条　二人以上分别实施侵权行为造成同一损害，能够确定责任大小的，各自承担相应的责任；难以确定责任大小的，平均承担赔偿责任。

第十三条　法律规定承担连带责任的，被侵权人有权请求部分或者全部连带责任人承担责任。

第十四条　连带责任人根据各自责任大小确定相应的赔偿数额；难以确定责任大小的，平均承担赔偿责任。

　　支付超出自己赔偿数额的连带责任人，有权向其他连带责任人追偿。

第十五条　承担侵权责任的方式主要有：

〈資　料〉

(一)　停止侵害；
(二)　排除妨碍；
(三)　消除危险；
(四)　返还财产；
(五)　恢复原状；
(六)　赔偿损失；
(七)　赔礼道歉；
(八)　消除影响、恢复名誉。
　　　以上承担侵权责任的方式，可以单独适用，也可以合并适用
　　　第三章　不承担责任和减轻责任的情形
第二十六条　被侵权人对损害的发生也有过错的，可以减轻侵权人的责任。
第二十七条　损害是因受害人故意造成的，行为人不承担责任。
　　　第四章～第七章（省略）
　　　第八章　环境污染责任
第六十五条　因污染环境造成损害的，污染者应当承担侵权责任。
第六十六条　因污染环境发生纠纷，污染者应当就法律规定的不承担责任或者减轻责任的情形及其行为与损害之间不存在因果关系承担举证责任。
第六十七条　两个以上污染者污染环境，污染者承担责任的大小，根据污染物的种类、排放量等因素确定。
第六十八条　因第三人的过错污染环境造成损害的，被侵权人可以向污染者请求赔偿，也可以向第三人请求赔偿。污染者赔偿后，有权向第三人追偿
　　　第九章～第十一章（省略）
　　　第十二章　附　　则
第九十二条　本法自2010年7月1日起施行。

(7) **中华人民共和国行政复议法**
　　　第一章　总　　则
第二条　公民、法人或者其他组织认为具体行政行为侵犯其合法权益，向行政机关提出行政复议申请，行政机关受理行政复议申请、作出行政复议决定，适用本法。
第五条　公民、法人或者其他组织对行政复议决定不服的，可以依照行政诉讼法的规定向人民法院提起行政诉讼，但是法律规定行政复议决定为最终裁决的除外。
　　　第二章　行政复议范围
第六条　有下列情形之一的，公民、法人或者其他组织可以依照本法申请行政复议：
(一)　对行政机关作出的警告、罚款、没收违法所得、没收非法财物、责令停产停业、暂扣或者吊销许可证、暂扣或者吊销执照、行政拘留等行政处罚决定不服的；
(二)　对行政机关作出的限制人身自由或者查封、扣押、冻结财产等行政强制措施决定不服的；
(三)　对行政机关作出的有关许可证、执照、资质证、资格证等证书变更、中止、撤销

的决定不服的；
(四) 对行政机关作出的关于确认土地、矿藏、水流、森林、山岭、草原、荒地、滩涂、海域等自然资源的所有权或者使用权的决定不服的；
(五) 认为行政机关侵犯合法的经营自主权的；
(六) 认为行政机关变更或者废止农业承包合同，侵犯其合法权益的；
(七) 认为行政机关违法集资、征收财物、摊派费用或者违法要求履行其他义务的；
(八) 认为符合法定条件，申请行政机关颁发许可证、执照、资质证、资格证等证书，或者申请行政机关审批、登记有关事项，行政机关没有依法办理的；
(九) 申请行政机关履行保护人身权利、财产权利、受教育权利的法定职责，行政机关没有依法履行的；
(十) 申请行政机关依法发放抚恤金、社会保险金或者最低生活保障费，行政机关没有依法发放的；
(十一) 认为行政机关的其他具体行政行为侵犯其合法权益的。
第七条 公民、法人或者其他组织认为行政机关的具体行政行为所依据的下列规定不合法，在对具体行政行为申请行政复议时，可以一并向行政复议机关提出对该规定的审查申请：
(一) 国务院部门的规定；
(二) 县级以上地方各级人民政府及其工作部门的规定；
(三) 乡、镇人民政府的规定。
前款所列规定不含国务院部、委员会规章和地方人民政府规章。规章的审查依照法律、行政法规办理。

第三章 行政复议申请

第九条 公民、法人或者其他组织认为具体行政行为侵犯其合法权益的，可以自知道该具体行政行为之日起六十日内提出行政复议申请；但是法律规定的申请期限超过六十日的除外。
因不可抗力或者其他正当理由耽误法定申请期限的，申请期限自障碍消除之日起继续计算。
第十条 (1项、2项省略)
同申请行政复议的具体行政行为有利害关系的其他公民、法人或者其他组织，可以作为第三人参加行政复议。
(3项以下省略)
第十二条 对县级以上地方各级人民政府工作部门的具体行政行为不服的，由申请人选择，可以向该部门的本级人民政府申请行政复议，也可以向上一级主管部门申请行政复议。
第十三条 对地方各级人民政府的具体行政行为不服的，向上一级地方人民政府申请行政复议。
第十四条 对国务院部门或者省、自治区、直辖市人民政府的具体行政行为不服的，向作出该具体行政行为的国务院部门或者省、自治区、直辖市人民政府申请行政复议。

对行政复议决定不服的，可以向人民法院提起行政诉讼；也可以向国务院申请裁决，国务院依照本法的规定作出最终裁决

第十六条 公民、法人或者其他组织申请行政复议，行政复议机关已经依法受理的，或者法律、法规规定应当先向行政复议机关申请行政复议、对行政复议决定不服再向人民法院提起行政诉讼的，在法定行政复议期限内不得向人民法院提起行政诉讼。

公民、法人或者其他组织向人民法院提起行政诉讼，人民法院已经依法受理的，不得申请行政复议。

第四章 行政复议受理

第二十一条 行政复议期间具体行政行为不停止执行；但是，有下列情形之一的，可以停止执行：

（一） 被申请人认为需要停止执行的；
（二） 行政复议机关认为需要停止执行的；
（三） 申请人申请停止执行，行政复议机关认为其要求合理，决定停止执行的；
（四） 法律规定停止执行的。

第五章 行政复议决定

第二十三条 行政复议机关负责法制工作的机构应当自行政复议申请受理之日起七日内，将行政复议申请书副本或者行政复议申请笔录复印件发送被申请人。被申请人应当自收到申请书副本或者申请笔录复印件之日起十日内，提出书面答复，并提交当初作出具体行政行为的证据、依据和其他有关材料。

申请人、第三人可以查阅被申请人提出的书面答复、作出具体行政行为的证据、依据和其他有关材料，除涉及国家秘密、商业秘密或者个人隐私外，行政复议机关不得拒绝。

第二十四条 在行政复议过程中，被申请人不得自行向申请人和其他有关组织或者个人收集证据。

第二十六条 申请人在申请行政复议时，一并提出对本法第七条所列有关规定的审查申请的，行政复议机关对该规定有权处理的，应当在三十日内依法处理；无权处理的，应当在七日内按照法定程序转送有权处理的行政机关依法处理，有权处理的行政机关应当在六十日内依法处理。处理期间，中止对具体行政行为的审查。

第二十七条 行政复议机关在对被申请人作出的具体行政行为进行审查时，认为其依据不合法，本机关有权处理的，应当在三十日内依法处理；无权处理的，应当在七日内按照法定程序转送有权处理的国家机关依法处理。处理期间，中止对具体行政行为的审查。

第二十八条 行政复议机关负责法制工作的机构应当对被申请人作出的具体行政行为进行审查，提出意见，经行政复议机关的负责人同意或者集体讨论通过后，按照下列规定作出行政复议决定：

（一） 具体行政行为认定事实清楚，证据确凿，适用依据正确，程序合法，内容适当的，决定维持；
（二） 被申请人不履行法定职责的，决定其在一定期限内履行；

（三）具体行政行为有下列情形之一的，决定撤销、变更或者确认该具体行政行为违法；决定撤销或者确认该具体行政行为违法的，可以责令被申请人在一定期限内重新作出具体行政行为：
　　1．主要事实不清、证据不足的；
　　2．适用依据错误的；
　　3．违反法定程序的；
　　4．超越或者滥用职权的；
　　5．具体行政行为明显不当的。
（四）被申请人不按照本法第二十三条的规定提出书面答复、提交当初作出具体行政行为的证据、依据和其他有关材料的，视为该具体行政行为没有证据、依据，决定撤销该具体行政行为。

　　行政复议机关责令被申请人重新作出具体行政行为的，被申请人不得以同一的事实和理由作出与原具体行政行为相同或者基本相同的具体行政行为。

　　　第六章　法律责任（略）
　　　第七章　附　　则
第四十三条　本法自 1999 年 10 月 1 日起施行。1990 年 12 月 24 日国务院发布、1994 年 10 月 9 日国务院修订发布的《行政复议条例》同时废止。

(8) **行政訴訟法**

　　第一章　总则
第二条　公民、法人或者其他组织认为行政机关和行政机关工作人员的行政行为侵犯其合法权益，有权依照本法向人民法院提起诉讼。
　　前款所称行政行为，包括法律、法规、规章授权的组织作出的行政行为。
第三条　人民法院应当保障公民、法人和其他组织的起诉权利，对应当受理的行政案件依法受理。
　　行政机关及其工作人员不得干预、阻碍人民法院受理行政案件。
　　被诉行政机关负责人应当出庭应诉。不能出庭的，应当委托行政机关相应的工作人员出庭。
第四条　人民法院依法对行政案件独立行使审判权，不受行政机关、社会团体和个人的干涉。
　　人民法院设行政审判庭，审理行政案件。
　　　第二章　受案范围
第十二条　人民法院受理公民、法人或者其他组织提起的下列诉讼：
（一）对行政拘留、暂扣或者吊销许可证和执照、责令停产停业、没收违法所得、没收非法财物、罚款、警告等行政处罚不服的；
（二）对限制人身自由或者对财产的查封、扣押、冻结等行政强制措施和行政强制执行不服的；
（三）申请行政许可，行政机关拒绝或者在法定期限内不予答复，或者对行政机关作出

的有关行政许可的其他决定不服的；
（四）　对行政机关作出的关于确认土地、矿藏、水流、森林、山岭、草原、荒地、滩涂、海域等自然资源的所有权或者使用权的决定不服的；
（五）　对征收、征用决定及其补偿决定不服的；
（六）　申请行政机关履行保护人身权、财产权等合法权益的法定职责，行政机关拒绝履行或者不予答复的；
（七）　认为行政机关侵犯其经营自主权或者农村土地承包经营权、农村土地经营权的；
（八）　认为行政机关滥用行政权力排除或者限制竞争的；
（九）　认为行政机关违法集资、摊派费用或者违法要求履行其他义务的；
（十）　认为行政机关没有依法支付抚恤金、最低生活保障待遇或者社会保险待遇的；
（十一）　认为行政机关不依法履行、未按照约定履行或者违法变更、解除政府特许经营协议、土地房屋征收补偿协议等协议的；
（十二）　认为行政机关侵犯其他人身权、财产权等合法权益的。
　　除前款规定外，人民法院受理法律、法规规定可以提起诉讼的其他行政案件。
第十三条　人民法院不受理公民、法人或者其他组织对下列事项提起的诉讼：
（一）　国防、外交等国家行为；
（二）　行政法规、规章或者行政机关制定、发布的具有普遍约束力的决定、命令；
（三）　行政机关对行政机关工作人员的奖惩、任免等决定；
（四）　法律规定由行政机关最终裁决的行政行为。
　　　　第三章　管辖
第十四条　基层人民法院管辖第一审行政案件。
第十五条　中级人民法院管辖下列第一审行政案件：
（一）　对国务院部门或者县级以上地方人民政府所作的行政行为提起诉讼的案件；
（二）　海关处理的案件；
（三）　本辖区内重大、复杂的案件。
（四）　其他法律规定由中级人民法院管辖的案件。
第十六条　高级人民法院管辖本辖区内重大、复杂的第一审行政案件。
第十七条　最高人民法院管辖全国范围内重大、复杂的第一审行政案件。
第十八条　行政案件由最初作出行政行为的行政机关所在地人民法院管辖。经复议的案件，也可以由复议机关所在地人民法院管辖。
　　经最高人民法院批准，高级人民法院可以根据审判工作的实际情况，确定若干人民法院跨行政区域管辖行政案件。
第十九条　对限制人身自由的行政强制措施不服提起的诉讼，由被告所在地或者原告所在地人民法院管辖。
第二十条　因不动产提起的行政诉讼，由不动产所在地人民法院管辖。
　　　　第四章　诉讼参加人
第二十五条　行政行为的相对人以及其他与行政行为有利害关系的公民、法人或者其他组织，有权提起诉讼。

2項、3項省略

第二十九条　公民、法人或者其他组织同被诉行政行为有利害关系但没有提起诉讼，或者同案件处理结果有利害关系的，可以作为第三人申请参加诉讼，或者由人民法院通知参加诉讼。

人民法院判决第三人承担义务或者减损第三人权益的，第三人有权依法提起上诉。

第五章　证据

第三十四条　被告对作出的行政行为负有举证责任，应当提供作出该行政行为的证据和所依据的规范性文件。

被告不提供或者无正当理由逾期提供证据，视为没有相应证据。但是，被诉行政行为涉及第三人合法权益，第三人提供证据的除外。

第三十五条　在诉讼过程中，被告及其诉讼代理人不得自行向原告、第三人和证人收集证据。

第三十六条　被告在作出行政行为时已经收集了证据，但因不可抗力等正当事由不能提供的，经人民法院准许，可以延期提供。

原告或者第三人提出了其在行政处理程序中没有提出的理由或者证据的，经人民法院准许，被告可以补充证据。

第三十七条　原告可以提供证明行政行为违法的证据。原告提供的证据不成立的，不免除被告的举证责任。

第三十八条　在起诉被告不履行法定职责的案件中，原告应当提供其向被告提出申请的证据。但有下列情形之一的除外：

（一）被告应当依职权主动履行法定职责的；
（二）原告因正当理由不能提供证据的。

在行政赔偿、补偿的案件中，原告应当对行政行为造成的损害提供证据。因被告的原因导致原告无法举证的，由被告承担举证责任。

第三十九条　人民法院有权要求当事人提供或者补充证据。

第四十条　人民法院有权向有关行政机关以及其他组织、公民调取证据。但是，不得为证明行政行为的合法性调取被告作出行政行为时未收集的证据。

第六章　起诉和受理

第四十四条　对属于人民法院受案范围的行政案件，公民、法人或者其他组织可以先向行政机关申请复议，对复议决定不服的，再向人民法院提起诉讼；也可以直接向人民法院提起诉讼。

法律、法规规定应当先向行政机关申请复议，对复议决定不服再向人民法院提起诉讼的，依照法律、法规的规定。

第四十五条　公民、法人或者其他组织不服复议决定的，可以在收到复议决定书之日起十五日内向人民法院提起诉讼。复议机关逾期不作决定的，申请人可以在复议期满之日起十五日内向人民法院提起诉讼。法律另有规定的除外。

第四十六条　公民、法人或者其他组织直接向人民法院提起诉讼的，应当自知道或者应当知道作出行政行为之日起六个月内提出。法律另有规定的除外。

〈资　料〉

因不动产提起诉讼的案件自行政行为作出之日起超过二十年，其他案件自行政行为作出之日起超过五年提起诉讼的，人民法院不予受理。

第五十三条　公民、法人或者其他组织认为行政行为所依据的国务院部门和地方人民政府及其部门制定的规范性文件不合法，在对行政行为提起诉讼时，可以一并请求对该规范性文件进行审查。

前款规定的规范性文件不含规章。

第七章　审理和判决

第一节　一般规定

第五十六条　诉讼期间，不停止行政行为的执行。但有下列情形之一的，裁定停止执行：

（一）被告认为需要停止执行的；
（二）原告或者利害关系人申请停止执行，人民法院认为该行政行为的执行会造成难以弥补的损失，并且停止执行不损害国家利益、社会公共利益的；
（三）人民法院认为该行政行为的执行会给国家利益、社会公共利益造成重大损害的；
（四）法律、法规规定停止执行的。

当事人对停止执行或者不停止执行的裁定不服的，可以申请复议一次。

第六十三条　人民法院审理行政案件，以法律和行政法规、地方性法规为依据。地方性法规适用于本行政区域内发生的行政案件。

人民法院审理民族自治地方的行政案件，并以该民族自治地方的自治条例和单行条例为依据。

人民法院审理行政案件，参照规章。

第六十四条　人民法院在审理行政案件中，经审查认为本法第五十三条规定的规范性文件不合法的，不作为认定行政行为合法的依据，并向制定机关提出处理建议。

第二节　第一审普通程序

第六十九条　行政行为证据确凿，适用法律、法规正确，符合法定程序的，或者原告申请被告履行法定职责或者给付义务理由不成立的，人民法院判决驳回原告的诉讼请求。

第七十条　行政行为有下列情形之一的，人民法院判决撤销或者部分撤销，并可以判决被告重新作出行政行为：

（一）主要证据不足的；
（二）适用法律、法规错误的；
（三）违反法定程序的；
（四）超越职权的；
（五）滥用职权的；
（六）明显不当的。

第七十一条　人民法院判决被告重新作出行政行为的，被告不得以同一的事实和理由作出与原行政行为基本相同的行政行为。

第七十二条　人民法院经过审理，查明被告不履行法定职责的，判决被告在一定期限内履行。

第七十三条　人民法院经过审理，查明被告依法负有给付义务的，判决被告履行给付义

务。

第七十四条　行政行为有下列情形之一的，人民法院判决确认违法，但不撤销行政行为：
（一）　行政行为依法应当撤销，但撤销会给国家利益、社会公共利益造成重大损害的；
（二）　行政行为程序轻微违法，但对原告权利不产生实际影响的。
　　行政行为有下列情形之一，不需要撤销或者判决履行的，人民法院判决确认违法：
（一）　行政行为违法，但不具有可撤销内容的；
（二）　被告改变原违法行政行为，原告仍要求确认原行政行为违法的；
（三）　被告不履行或者拖延履行法定职责，判决履行没有意义的。

第七十五条　行政行为有实施主体不具有行政主体资格或者没有依据等重大且明显违法情形，原告申请确认行政行为无效的，人民法院判决确认无效。

第七十六条　人民法院判决确认违法或者无效的，可以同时判决责令被告采取补救措施；给原告造成损失的，依法判决被告承担赔偿责任。

第七十七条　行政处罚明显不当，或者其他行政行为涉及对款额的确定、认定确有错误的，人民法院可以判决变更。
　　人民法院判决变更，不得加重原告的义务或者减损原告的权益。但利害关系人同为原告，且诉讼请求相反的除外。

　　　　第三节　简易程序（略）
　　　　第四节　第二审程序（略）

　　第八章　执　行

第九十四条　当事人必须履行人民法院发生法律效力的判决、裁定、调解书。

第九十五条　公民、法人或者其他组织拒绝履行判决、裁定、调解书的，行政机关或者第三人可以向第一审人民法院申请强制执行，或者由行政机关依法强制执行。

第九十六条　行政机关拒绝履行判决、裁定、调解书的，第一审人民法院可以采取下列措施：
（一）　对应当归还的罚款或者应当给付的款额，通知银行从该行政机关的账户内划拨；
（二）　在规定期限内不履行的，从期满之日起，对该行政机关负责人按日处五十元至一百元的罚款；
（三）　将行政机关拒绝履行的情况予以公告；
（四）　向监察机关或者该行政机关的上一级行政机关提出司法建议。接受司法建议的机关，根据有关规定进行处理，并将处理情况告知人民法院；
（五）　拒不履行判决、裁定、调解书，社会影响恶劣的，可以对该行政机关直接负责的主管人员和其他直接责任人员予以拘留；情节严重，构成犯罪的，依法追究刑事责任。

第九十七条　公民、法人或者其他组织对行政行为在法定期间不提起诉讼又不履行的，行政机关可以申请人民法院强制执行，或者依法强制执行。

　　　　第九章　涉外行政诉讼（略）
　　　　第十章　附则

第一百零三条　本法自一九九〇年十月一日起施行。

▰▰ 著者紹介

桑原勇進（くわはら・ゆうしん）

1965 年	福島県会津坂下町生まれ
1989 年	東京大学法学部卒業
1996 年	東京大学大学院法学政治学研究科博士課程単位取得退学、東海大学法学部専任講師
1999 年	東海大学法学部助教授
2005 年	東海大学大学院実務法学研究科教授
2007 年	上智大学法学部教授、現在に至る

〈主要著作〉

『環境法の基礎理論――国家の環境保全義務』（有斐閣、2013 年）
「中国の環境影響評価制度」東海法学 27 号（2002 年）
「中国における環境法の行政的執行」環境法研究 2 号（2014 年）

中国環境法概説 I　総論　　　　　　　　　　　講義案シリーズ

2015(平成 27)年 12 月 7 日　　第 1 版第 1 刷発行

著　者　桑　原　勇　進
発 行 者　今　井　　貴
発 行 所　信山社出版株式会社
〒 113 - 0033　東京都文京区本郷 6 - 2 - 9 - 102
Tel　03 - 3818 - 1019
Fax　03 - 3818 - 0344
info@shinzansha.co.jp

Printed in Japan

Ⓒ 桑原勇進、2015. 印刷・製本／亜細亜印刷・渋谷文泉閣

ISBN978-4-7972-2756-7　C 3332

2756-7-01011-011-0100 コピー禁止 信山社 分類 323.916　環境法

大塚直　責任編集

環境法研究　創刊第1号　　　　　　　　　　　2,800円
　（執筆者　交告尚史，首藤重幸，下山憲治，下村英嗣，
　　大塚直，畠山武道）

環境法研究　第2号　　　　　　　　　　　　　2,800円
　（執筆者　片岡直樹，染野憲治，金振，北川秀樹，
　　奥田進一，櫻井次郎，桑原勇進）

環境法研究　第3号　　　　　　　　　　　　　2,800円
　（執筆者　下山憲治，桑原勇進，大塚直，
　　M. ブトネ，V. ヘイバート）

──────信 山 社──────（本体価格）

宇賀克也　責任編集

行政法研究　創刊第1号　　　　　　　　　　　2,800 円
　（執筆者　宇賀克也，原田大樹，木村琢麿，大橋洋一）

行政法研究　第2号　　　　　　　　　　　　　2,800 円
　（執筆者　木藤茂，田尾亮介）

行政法研究　第3号　　　　　　　　　　　　　2,800 円
　（執筆者　稲葉馨，徳本広孝，田中孝男）

行政法研究　第4号　　　　　　　　　　　　　2,800 円
　（執筆者　村上裕章，黒川哲志，板垣勝彦）

　　　　　　　　　　　　　　　　　　　　（本体価格）
——————— 信 山 社 ———————

宇賀克也　責任編集

行政法研究　第5号　　　　　　　　　　　2,800円
　（特集　グリーンアクセスの実効的保障をめざして）

行政法研究　第6号　　　　　　　　　　　2,800円
　（執筆者　米丸恒治，西上治）

行政法研究　第7号　　　　　　　　　　　2,800円
　（執筆者　宇賀克也，前田雅子，大野卓，巽智彦）

行政法研究　第8号　　　　　　　　　　　2,800円
　（執筆者　亘理格，宇賀克也，角松生史，本多滝夫）

―――――――――― 信 山 社 ――――――――――
　　　　　　　　　　　　　　　　　　　　（本体価格）

宇賀克也　責任編集

行政法研究　第 9 号　　　　　　　　　　　2,800 円
　（執筆者　中川丈久，下山憲治，仲野武志，西谷剛）

行政法研究　第 10 号　　　　　　　　　　2,800 円
　（執筆者　高橋信行，張栄紅）

──────── 信 山 社 ────────　（本体価格）

碓井光明 著
公共契約法精義　　　　　　　　　　　　　3,800 円

碓井光明 著
公的資金助成法精義　　　　　　　　　　　4,000 円

碓井光明 著
政府経費法精義　　　　　　　　　　　　　4,000 円

碓井光明 著
社会保障財政法精義　　　　　　　　　　　5,800 円

──────── 信 山 社 ────────　(本体価格)

碓井光明 著
行政契約精義　　　　　　　　　　　　6,500 円

碓井光明 著
都市行政法精義 I　　　　　　　　　　6,000 円

碓井光明 著
都市行政法精義 II　　　　　　　　　　7,000 円

―――――― 信 山 社 ――――――　（本体価格）

山田　洋 著
リスクと協働の行政法　　　　　　　　　　6,800 円

倉阪秀史 著
環境政策論〔第3版〕　　　　　　　　　　3,800 円

横田光平 著
子ども法の基本構造　　　　　　　　　　10,476 円

戸部真澄 著
不確実性の法的制御　　　　　　　　　　8,800 円

（本体価格）

――――――― 信 山 社 ―――――――